Die Wasserversorgung in Bayern.

Eine Darstellung sämtlicher einschlägigen volkswirtschaftlichen, zivilrechtlichen, Verwaltungs- und verwaltungsrechtlichen, sowie finanziellen Fragen der Wasserversorgung von dem Ursprunge des Wassers bis zu seinem Verbrauche,

unter Zugrundelegung des neuen bayerischen Wassergesetzes.

Von

Dr. Otto Naegele.

München 1908.
J. Schweitzer Verlag (Arthur Sellier).

Vorwort.

Angeregt durch meinen hochverehrten Lehrer, Herrn Professor Dr. Piloty, und die hervorragende Beachtung, die der Wasserversorgung im praktischen wirtschaftlichen und technischen Leben zuteil wird, unternahm ich die Bearbeitung dieses Gebietes vom juristischen Standpunkte aus, das neue Wasserrecht dabei zugrundelegend.

Allseits wurde mir die wohlwollendste Förderung und ausgiebigste Unterstützung durch Rat, wie Gestattung von Akteneinsicht gewährt, so besonders von Herrn Professor Dr. Piloty, Exzellenz Ritter v. Thelemann, Präsident am Oberlandesgericht München, Reichsrat der Krone Bayern, Herrn Oberbaurat Brenner, Vorstand des kgl. Wasserversorgungsbüros, Herrn Rechtsrat Wölzl, Referent für die städtische Wasserversorgung München; des weiteren von den Herren Vorständen der kgl. Bezirksämter Starnberg, Pegnitz, Pirmasens, den Herren Bürgermeistern von Bayreuth, Speyer, Straubing, Würzburg, Bamberg, Kitzingen und Berchtesgaden, sowie von Herrn Bauamtsassessor Schreitmüller in Rosenheim.

Es sei auch an dieser Stelle sämtlichen Herren für die mannigfache Förderung der Arbeit der ergebenste Dank ausgesprochen.

Naegele.

Inhaltsverzeichnis.

Verzeichnis der benutzten Literatur.

A. Technische und volkswirtschaftliche Werke.

1. Die Wasserversorgung der Städte v. Lueger.
2. Lehrbuch der Hygiene v. Rubner.
3. Die Wasserversorgung der Wohngebäude v. Spetzler.
4. Billige und rationelle Versorgung mit reinem und klarem Wasser v. Noreck.
5. Die öffentliche Wasserversorgung im Königreiche Württemberg v. Ehmann.
6. Die menschlichen Exkremente zc. v. Poppe.
7. Das Wasser v. Dr. Fischer.
8. Die Verunreinigung der Gewässer v. König.
9. Die Verbesserung unserer Wohnungen nach den Grundsätzen der Gesundheitslehre v. Schmölke.
10. Das Wasser nach Vorkommen, Beschaffenheit und Bedeutung v. Wagner.
11. Die städtische Wasserversorgung im Deutschen Reiche v. Grahn.
12. Journal für Gasbeleuchtung zc., sowie für Wasserversorgung v. Schilling-Bunte.
13. Geschäftsbericht des kgl. Wasserversorgungsbüros für 1906.
14. Zentralblatt für Wasserbau und Wasserverwaltung 1907.
15. Anleitung zur Beschlußfassung über die Bauausführung und zur Erledigung der wesentlichsten Vorfragen. (Vom kgl. Wasserversorgungsbüro).
16. Anleitung für die Einrichtung, den Betrieb und die Ueberwachung öffentlicher Wasserversorgungsanlagen, welche nicht ausschließlich technischen Zwecken dienen. (Vom Reichsgesundheitsamt).
17. Petition des Stadtmagistrates der Kreishauptstadt Würzburg an die beiden Kammern betreff eines Wassergesetzes.
18. Wörterbuch der Volkswirtschaft v. Elster. 1. u 2. Aufl.
19. Handwörterbuch der Staatswissenschaften v. Conrad, Elster, Lexis und Löning. 2. Aufl.
20. Lehrbuch der Finanzwissenschaft v. Stein. 5. Aufl.
21. Die Steuern v. Schäffle. 1. Aufl. 1859.
22. Die Steuer v. Neumann 1887.
23. Grundriß zu den Vorlesungen über Finanzwissenschaft v. Wagner, 1898.
24. Staatslexikon v. Bachem. 2. Aufl.
25. Lehrbuch der Finanzwissenschaft v. Umpfenbach, 1859.
26. Die Staatseinnahmen v. Pfeiffer 1866.
27. Grundsätze der Finanzwissenschaft v. Rau. 5. Aufl.
28. Finanzwissenschaft v. Eheberg 1906.
29. Handbuch der politischen Oekonomie v. Schönberg. 4. Aufl.

B. Juristische Werke.

1. Monumenta Germaniae historica. Constitutiones et acta publica imperatorum et regum. Legum sectio IV. Tom. I. Ludewicus Weiland 1893.
2. Schwabenspiegel.
3. Bayerisches Landrecht 1616. Kommentar v. Baron Schmidt.
4. Bayerisches Landrecht 1759. Anmerkungen v. Kreittmayr.

5. Sammlung der kurpfalz=bayerischen allgemeinen und besonderen Landesverordnungen v. Dr. Georg Karl Meyr, 1784.
6. Grundriß des germanischen Rechtes v. Amira.
7. Fischordnung von 1553.
8. Fischordnung von 1616.
9. Entwicklungsgeschichte Bayerns v. Döberl. I. Bd.
10. Grundzüge der deutschen Rechtsgeschichte v. Brunner, 1901.
11. Lehrbuch der deutschen Rechtsgeschichte v. Schröder.
12. Handbuch des deutschen Privatrechtes v. Stobbe. 3. Aufl.
13. System des deutschen Privatrechtes v. Gerber-Cosack. 17. Aufl.
14. Pandekten v. Windscheid.
15. Bayerisches Zivilrecht v. Roth. 2. Aufl.
16. Das rechtsrheinische Landeszivilrecht v. Becher 1896.
17. Das Stadtrecht von München v. Dr. Tinsch.
18. Das Ewiggeldinstitut in München v. Dr. A. Riedl, 1819.
19. Das Stadtrecht von München v. Auer, 1820.
20. Kommentar z. BGB. v. Staudinger. 2. Aufl.
21. Kommentar z. BGB. v. Planck. 3. Aufl.
22. Kommentar zum BGB. v. Fischer=Henle. 6. Aufl.
23. Lehrbuch des bürgerlichen Rechtes v. Cosack. 4. Aufl.
24. Das bürgerliche Recht v. Dernburg. 3. Aufl.
25. Das bayerische Landesprivatrecht v. Oertmann, 1903.
26. Liegenschaftsrecht v. Turnau=Förster 1906.
27. Dienstanweisung für Grundbuchämter. Amtliche Ausgabe.
28. Bürgerliches Gesetzbuch mit Nebengesetzen, 1900 v. Jaeger.
29. Bayerische Justizgesetze v. Schmitt. 1905.
30. Verwaltungsgesetze v. Buchert, 2. Aufl. 1906.
31. Strafgesetzgebung des Deutschen Reiches m. Nachtrag v. Allfeld, 1900.
32. Lehrbuch des Handelsrechtes v. Cosack. 6. Aufl.
33. Reichsgesetz betr. die Erwerbs= und Wirtschaftsgenossenschaften v. Parisius-Crüger. 3. Aufl.
34. Wasserbenützungsgesetz-Kommentar v. Pözl. 1. Aufl.
35. " " " v. Pözl. 2. Aufl.
36. Wasserbenützungsgesetz=Kommentar v. Reuß. 2. Aufl.
37. Das in Bayern geltende Nachbarrecht mit Berücksichtigung des Wasserrechtes v. Meisner.
38. Motive zu den Wassergesetzen von 1852.
39. Landtagsverhandlungen zu den Wassergesetzen von 1852.
40. Die Landesfischereiordnung für das Königreich Bayern v. Staudinger, 1884.
41. Motive zum Wassergesetz von 1907. Beil. 9/1905.
42. Ausschußbericht ebenda. Beil. 377/05/06.
43. Referat Söldner.
44. Referat Malsen.
45. Korreferat Sartorius.
46. Korreferat Leistner.
47. Kammerverhandlungen d. K. d. A. Nr. 180—183. 1906.
48. Referat Lindenfels.
49. Korreferat Thelemann.
50. Ausschußprotokolle d. K. d. R. I. und II. Lesung.
51. Verhandlungen d. K. d. R. Nr. 21, 22. 1906.
52. Verhandlungen d. K. d. A. Nr. 202/1906.
53. Gesamtbeschluß der beiden Kammern. Beil. 508/1907.
54. Verordnung, die künftige Verfassung und Verwaltung der Gemeinden im Königreiche Bayern betr. Gesetzblatt f. d. K. B. 1818 u. 1834.
55. Motive und Entwurf zur Gemeindeordnung von 1869. Sammlung 1866/69.
56. Vortrag des Abg. Dr. Edel an den bes. Ausschuß d. K. d. A. in den „Verhandlungen". Sammlung 1868/69.
57. Verhandlungen d. K. d. A. 1867/69.
58. Vortrag im Sozialgesetzgebungsausschusse d. K. d. R. 1868/69. B. Bd. V.
59. Protokolle des Sozialgesetzgebungsausschusses d. K. d. R. B. Bd. V, VI.

60. Verhandlungen d. K. d. R. 1868/69. Bd. VI.
61. Kommentar zur Gemeindeordnung v. Kahr. 1896.
62. Gemeindeordnung für die Pfalz v. Wand. 2. Aufl.
63. Handbuch der inneren Verwaltung v. Krais. 3. Aufl.
64. Handbuch für die Behörden der Pfalz v. Geib. 1. Aufl.
65. Bayerisches Staatsrecht v. Seydel. 2. Aufl.
66. Wörterbuch des deutschen Verwaltungsrechtes v. Stengel. 1. Aufl.
67. Lehrbuch des deutschen Verwaltungsrechtes v. Georg Meyer. 2. Aufl.
68. Gemeindeordnung v. Lindner=Hauck 3. Aufl.
69. Die bayerische Distriktsgemeindeordnung v. Lermann, 1895.
70. Handbuch des Staats= und Verwaltungsrechtes v. Pohl, 1900.
71. Deutsches Verwaltungsrecht v. Otto Meyer, 1895.
72. Verwaltungspraxis von einem kgl. Verwaltungsbeamten, 1904.
73. Verwaltungsgerichtshofgesetz v. Reger=Dyroff, 1902.
74. Gewerbeordnung v. Reger-Stöhsel, 1905. 4. Aufl.
75. Gewerbeordnung v. Landmann, 1893.
76. „Inwieweit unterliegen die Staats= und Gemeindebetriebe den Vorschriften der GewO.?" Inauguraldissertation v. Hans Müller, 1907.
77. Forstgesetz=Kommentar v. Ganghofer. 3. Aufl.
78. Kommentar zum Berggesetz v. Rauck.
79. Medizinalpolizei v. Reibel, 1905.
80. Kommentar zum Strafgesetzbuch v. Frank, 1903.
81. Kommentar zum Polizeistrafgesetzbuch v. Riedel=Sutner. 7. Aufl.
82. Kommentar zum Zwangsenteignungsgesetz v. Henle.
83. AG. z. BGB. v. Henle-Schneider.
84. AG. z. BGB. v. Meikel.
85. AG. z. BGB. v. Böhm=Klein.
86. Gesetz über die Zwangsversteigerung und Zwangsverwaltung von Steiner, 1905.
87. Die bayerischen Ausführungsvorschriften zum Gesetz über die Zwangsversteigerung und Zwangsverwaltung von v. d. Pfordten, 1906.
88. Kommentar zur Konkursordnung v. Jaeger 1904.
89. Deutsches Konkursprozeßrecht von Seuffert von 1899.
90. Die gesammelten Materialien zu den Reichsjustizgesetzen v. Hahn=Mugdan
91. Handbuch des Verfahrens der Gerichte in Angelegenheiten der freiwilligen Gerichtsbarkeit, v. Reibel, 1903.
92. Grundriß des materiellen Liegenschaftsrechtes v. Schwab.
93. Zeitschrift für Rechtspflege.
94. Blätter für administrative Praxis.
95. Blätter für Rechtsanwendung.
96. Bayerische Gemeindezeitung.
97. Entscheidungen des Reichsgerichtes in Zivilsachen.
98. Entscheidungen des Obersten Gerichtshofes in Zivilsachen.
99. Entscheidungen des Obersten Landesgerichts in Zivilsachen.
100. Entscheidungen des Obersten Landesgerichtes in Strafsachen.
101. Kompetenzkonfliktsgerichtshofsentscheidungen in RegBl. und GVBl.
102. Verwaltungsgerichtshofentscheidungen.
103. Die Organisation des Handwerks aus: Die deutsche Handwerker- und Arbeiterschutzgesetzgebung von Nelken 1901.
104. Gesetz= und Verordnungssammlung von Weber.
105. Ministerialamtsblatt des Innern.
106. Gesetz- und Verordnungsblatt.
107. Kommandoerlaß vom 1. XII. 1906. Vorschriftensammlung für die Handhabung der Feuerpolizei in München, 1906 von Gerber.
108. Das Recht der Schiffahrtsabgaben in Deutschland, von Piloty, 1907.

C. Materialien.

1. Wasserversorgung der Betzensteingruppe, BA. Pegnitz.
2. Wasserversorgung von Feldafing—Pöcking, BA. Starnberg.
3. Wasserversorgung von Söcking, BA. Starnberg.

4. Wasserversorgung der Felsalbtalgruppe BA. Pirmasens.
5. Wasserversorgung von Buch BA. Starnberg.
6. Konzessionsvertrag von Speyer.
7. Allgemeine Bestimmungen zwischen Wasserwerk und Wasserabnehmer in Speyer.
8. Wasserbezugsbedingungen von Straubing.
9. Wasserwerkskonzessionsvertrag von Straubing.
10. Vertrag zwischen Stadtgemeinde Bamberg und Wasserwerksgesellschaft in Frankfurt a. M.
11. Statut und ortspolizeiliche Vorschriften von Kitzingen.
12. Dasselbe von Würzburg.
13. Dasselbe von Kaufbeuren.
14. Dasselbe von Wunsiedel.
15. Dasselbe von Berchtesgaden.
16. Wasserversorgung von Bayreuth.
17. Statut und ortspolizeiliche Vorschriften von München.
18. Ortspolizeiliche Vorschriften über Grundstücksentwässerung von München.
19. Gebührenstatut über Benützung der Kanäle und Stadtbäche in München.
20. Wasserbezugsgesuch von München.
21. Akt: Neuregelung der Wasserbezugsstatuten München.
22. Akt: Ewigsteften von München (mit Urkunde).
23. Akt: Wasserabgabe an die Gemeinde Milbertshofen.
24. Akt: Fassung und Zuleitung der Kaltenbachquellen.
25. Akt: Entleerungsleitung unter der Mangfall.
26. Akt: III. Zuleitung Mühlthal—Valley—Höllgraben.
27. Akt: Anschluß des Anwesens des Gärtners J. H. in Riesenfeld an die Wasserleitung betr.
28. Normensammlung des Bausenates München.
29. Zivilstreitakt des kgl. Landgerichtes München II: Hager Anton und Marie zur Untermühle gegen Königsdorf, Gemeinde.

Einleitung.

Die erste große deutsche Wasserversorgungsanlage erhielt Hamburg auf Staatsrechnung; sie wurde 1848 dem Betriebe übergeben. 1852 folgte Berlin.

Die meisten übrigen Anlagen Deutschlands aus dieser Periode wurden von Konzessionären ausgeführt, der Staat gab lediglich die Bauerlaubnis; so auch in Bayern. Wenn dann diese Anlagen den in sie gesetzten Erwartungen entsprachen, gingen sie später in das Eigentum der Gemeinde durch Kauf über. Im diesseitigen Bayern existiert kein privates Wasserwerk in Gemeinden mehr; im linksrheinischen Bayern besitzen Speyer, Pirmasens, Dürkheim und Wachenheim noch Konzessionswerke.

In der Erkenntnis der unschätzbaren Vorteile und der hohen kulturellen Werte, die in der Versorgung mit gutem und reichlichem Trinkwasser liegen, hat die Kgl. Bayer. Staatsregierung im Jahre 1878 ein Büro für Wasserversorgung geschaffen, das berufen ist, bei Verbesserung der Wasserverhältnisse ratend und helfend einzugreifen; außerdem gewährt der Staat auch finanzielle Hilfe. Die Tätigkeit des genannten Büros war seit der Zeit seines Bestehens eine außerordentlich segensreiche. Seit Bestehen — 1. Februar 1878 bis Ende 1906 — hat das Kgl. Wasserversorgungsbüro 638 Unternehmungen ausgeführt und übergeben, 927 Orte und 793 539 Einwohner versorgt; für Feuerlöschzwecke wurden 637 Reservoire und 14 063 Hydranten angelegt; der Bauaufwand betrug 36 366 244,44 Mk., der staatliche Zuschuß 6 247 997,47 Mk. = 19,87 % des Gesamtaufwandes. Unter nur teilweiser Mitwirkung des Büros wurden von 1878—1906 591 Unternehmungen ausgeführt, dadurch 738 Orte und 759 741 Einwohner versorgt, für Feuerlöschzwecke 490 Reservoire und 8129 Hydranten angelegt; der Bauaufwand betrug 23 849 163,45 Mk., der staatliche Zuschuß 1 973 280,16 Mk. = 8,65 % des Gesamtaufwandes.

Um die große Wohltat, die durch die Errichtung dieses Büros für das ganze Land geschaffen ist, richtig bemessen zu können, sei im Folgenden ein kurzer Ueberblick über die volkswirtschaftliche Bedeutung der Versorgung mit gutem und reichlichem Wasser gegeben.

Das Wasser ist in erster Linie für den Menschen Nahrungsstoff und zugleich eine wesentliche Lebensbedingung für den ganzen Organismus. Es dient zur Zubereitung der Speisen und als wichtiges Reinigungsmittel für den Körper, die Kleidung, die Wohnungen und die Straßen, sowie zur Fortführung und Lösung der Abfallstoffe und Abwasser. So hat es auch die Wirkung, Krankheiten vorzubeugen, gesunde und kranke Menschen zu kräftigen und zu heilen. Es sei hier nur an die öffentlichen Bäder, an die Wasserkuren und die Irrenanstalten erinnert. Durch ausgiebige Wasserversorgung wird der Gesundheitszustand eines ganzen Volkes gefestigt, die Lebensversicherungen finden infolge der verbesserten Zustände und der gemilderten Bedingungen regere Beteiligung. Nicht zu vergessen ist auch der Rückschlag für die Armenunterstützungen.

Einen ganz hervorragenden Nutzen zieht die Landwirtschaft, die in all ihren Zweigen des Wassers dringend bedarf; ihr Kredit und ihr Ansehen, ihre Selbständigkeit und ihr Standesbewußtsein wird wesentlich durch diesen Faktor beeinflußt.

Ebenso bedürfen Gewerbe und Industrie des Wassers nicht nur zur Anfertigung und Verarbeitung der Produkte, sondern auch als Kraftquelle; sie ersparen hiedurch Arbeit, Zeit und Geld. Von den industriellen Unternehmungen seien besonders genannt die Papierfabriken, Gerbereien, Bierbrauereien, chemische und Zuckerfabriken, Elektrizitätswerke und die in Bayern schon eingebürgerte Maschinenindustrie. Des Wassers als der billigsten Kraftquelle will sich auch der Staat zur Elektrisierung seiner Eisenbahnen bedienen; da jedoch aus strategischen Erwägungen nur kleinere Bahnen elektrisch betrieben werden können, bleibt immerhin zu erwägen, inwieweit es für das kapitalarme Bayern nutzbringend wäre, Industrie und Kapital ausgiebig an den Wasserkräften teilnehmen zu lassen und so die Steuerkraft des Landes zu heben.

Das Wasser ist ferner ein überaus wertvolles Mittel zum Kampfe gegen die existenzvernichtende Gewalt des Feuers. Ist eine Sicherung durch genügenden Wasservorrat vorhanden, so heben sich auch die Mobiliar- und Immobiliarversicherungen. Die weitere Folge ist ein gesteigertes Sicherheitsgefühl der Einwohner; die geschäftliche Unternehmungslust und Investierung größerer Kapitalien wird angeregt, die Anschaffung großer Warenbestände erleichtert.

So bewirkt die Versorgung mit gutem und reichlichem Wasser nicht nur eine gewisse ästhetische Erziehung, eine Hebung des Volkes auf eine höhere Kulturstufe, sie belebt auch und regt zu neuem Schaffen an, befördert dadurch den allgemeinen Wohlstand, die Steuerkraft, hiemit aber auch in gewissem Maße das Ansehen des Volkes nach außen.

I. Abschnitt.

Die Durchführung der Wasserversorgung im Quellengebiet, einschließlich der Zuleitung zur Gemeinde.

Die Wasserversorgung gewinnt hohes juristisches Interesse dadurch, daß sie die verschiedensten Rechtsgebiete berührt und die mannigfachsten Rechte und Interessen alteriert. Doch muß das Thema sofort eine Einschränkung erfahren: Es können zum ersten nur die bayerischen Rechtsverhältnisse Berücksichtigung finden; zum zweiten kann nur die Trinkwasserversorgung eingehend besprochen, die Nutzwasserversorgung dagegen lediglich in manchen Punkten gestreift werden; die Wasserversorgung zu landwirtschaftlichen, gewerblichen und industriellen Zwecken muß aber von der juristischen Betrachtung ausgeschlossen bleiben.

Die Besprechung der Trinkwasserversorgung teilt sich am natürlichsten nach dem tatsächlichen Vorgange ein, in

I. die Durchführung im Quellengebiet, einschließlich der Zuleitung zur Gemeinde,
II. die Einführung in der Gemeinde.

Der I. Abschnitt teilt sich in allgemeiner Anlehnung an die zeitliche Aufeinanderfolge der Arbeiten in nachstehende Unterabteilungen:

1. Formen der Wasserversorgung.
2. Ueberblick über die technische Durchführung und die damit zusammenhängenden Fragen.
3. Historischer Rückblick über das Wasserrecht und Ueberblick über das Wassergesetz von 1907.
4. Instruktionsverfahren nach Art. 19 Wassergesetz.
5. Erledigung der privatrechtlichen Fragen.
6. Fragen der Wasserverwaltung.
7. Dingliche Sicherung des Wasserbezugsrechtes.

---

1. Formen der Wasserversorgung.

Die Fälle, in denen ein Einzelner sich mit Wasser versorgt, bleiben so ziemlich auf den Quelleigentümer beschränkt. Es ist aber schon ein rein natürliches Gebot, ergibt sich meist auch überdies aus der örtlichen Lage, daß an den Segnungen einer Quelle Mehrere teilnehmen. Dann und wann kommen Genossenschaften, bestehend aus nur wenigen Privaten, vor; von Bedeutung wird aber eine Wasserversorgung erst, wenn sie den Bedürfnissen eines größeren Kreises von Interessenten, größerer Landstrecken oder einer Stadt entgegenkommen will. Die rechtlichen Formen, in denen diese Ziele zweckmäßig erreicht werden, sollen im Folgenden besprochen werden.

Schon bisher konnten sich mehrere Interessenten zum Zwecke einer Wasserversorgung in verschiedenen rechtlichen Formen zu Vereinigungen zusammenschließen; doch litten diese sämtlich an bedeutenden Mängeln, die sich im Laufe der Zeiten immer deutlicher fühlbar machten. Etwas günstiger verhielt es sich bei den Be- und Entwässerungsunternehmungen zum Zwecke der Bodenkultur; doch auch diese entsprachen nicht durchweg den Bedürfnissen, da sie den meisten Unternehmungen gegenüber zu starken administrativen Ballast führten, der bei der ländlichen Bevölkerung schon an und für sich unbeliebt ist und besonders in dringenden Fällen häufig umgangen wurde.

Das neue Wassergesetz kam nun den modernen Bedürfnissen nach Privilegien, Vereinfachung der Vertretung der wassergenossenschaftlichen Vereinigungen und nach Zwangsbestimmungen in ausreichendem Maße durch Schaffung von öffentlichen Wassergenossenschaften zur Herstellung und Unterhaltung von Trink- und Nutzwasserleitungen entgegen: Art. 110 Ziff. 3 WG. Somit wird nicht nur die Beschaffung für landwirtschaftliche, sondern auch für Genuß-, häusliche, gewerbliche und Feuerlöschzwecke unter den erhöhten Schutz der neuen Rechtsformen gestellt.

Eine solche Genossenschaft kann freiwillig gebildet werden: Art. 112, I WG., oder als Genossenschaft mit Beitrittszwang: Art. 112, II WG. Zu letzterer Form ist erforderlich ein Mehrheitsbeschluß mit zwangsweiser Beiziehung der Minderheit: Art. 111, Ziff. 2 WG.; notwendig ist hiebei die Mehrheit der Beteiligten unter der weiteren Bedingung, daß ihnen voraussichtlich der größere Teil des durch das Unternehmen zu erzielenden Nutzens zufließt: Art. 151 WG. Dagegen ist die Bildung einer Zwangsgenossenschaft zu Wasserversorgungszwecken unmöglich: Art. 112, III, Motive zum WG. S. 67; R. R. I Pr. VIII S. 4. Eine solche Bestimmung würde auch gegen die geltenden

Grenzen des Polizeirechts verstoßen.[1]) Bei Genossenschaften mit Beitrittszwang darf jedoch die Aufbringung der den zwangsweise angeschlossenen Genossenschafter treffenden Anlagekosten durch einmalige Beiträge nur dann erfolgen, wenn hiedurch der Nahrungsstand des Widersprechenden nicht gefährdet wird: Art. 144 WG.

Bei der Form der freiwilligen Genossenschaft ist Voraussetzung, daß sie zum gemeinen Wohle erfolgt oder, bei Versorgung zu landwirtschaftlichen und gewerblichen Zwecken wenigstens zum gemeinwirtschaftlichen Nutzen: Art. 112, I WG., was sich natürlich auf Beteiligte selbst beziehen kann. Bei der Genossenschaft mit Beitrittszwang ist außerdem erforderlich, daß das Unternehmen nur in wirtschaftlich und technisch zweckmäßiger Weise auf die Grundstücke der Widerstrebenden ausgedehnt wird und daß der voraussichtliche Nutzen des Unternehmens den außerhalb des Unternehmenszweckes liegenden zu erwartenden Schaden überwiegt: Art. 112, II WG. Würde sich ein Beteiligter wegen eines zu großen Schadens, der ihm entstehen würde, mit Recht weigern, an der Genossenschaft teil zu nehmen, so könnte gegen ihn zwangsweise nur durch Enteignung vorgegangen werden, nicht durch Zwang zum Beitritt.

Die Hauptgrundsätze der öffentlichen Wassergenossenschaften sind folgende: 1. Die Rechtsfähigkeit, Art. 115 WG.; und zwar gehören diese juristischen Personen in erster Linie dem öffentlichen Rechte an und genießen alle Vorrechte dieser Klasse, so z. B. das Vorrecht nach § 61, 3 Konkursordnung. Eine solche Genossenschaft nimmt aber auch am Privatrechtsverkehr teil, hat als solche selbständig ihre Rechte und Pflichten, kann Eigentum und andere dingliche Rechte an Grundstücken auf ihren Namen erwerben, kann in ihrem Namen vor Gericht klagen und verklagt werden. Die Genossenschaft hat auch ihr eigenes Vermögen, das allein den Gläubigern haftet, während die Genossen nur zu den satzungsgemäßen Beiträgen herangezogen werden können: Art. 115, II WG.

Der 2. Fundamentalsatz ist das Realprinzip: Art. 150 WG., d. h. die Mitgliedschaft kann sich nur an das Eigentum derjenigen Grundstücke knüpfen, für welche die im Genossenschaftsunternehmen vorgesehene Wasserversorgungsanlage eingerichtet wird. Dieses wohl mit Rücksicht auf das Zwangsversteigerungsverfahren nunmehr gesetzlich festgelegte Prinzip herrschte bisher schon allenthalben, besonders in gemeindlichen Statuten. Ausgeschlossen von derartigen Unternehmungen sind einerseits Pächter: Art. 150, Ziff. 1 WG., andererseits Grundstücke, welche nur den Zwecken der Fassung, Förderung, Sammlung und Zuleitung des Wassers dienen, Art. 150 Ziff. 2 WG., sowie überhaupt unbeteiligte Grundstücke: Art. 136, II WG.

Zur Bildung einer Genossenschaft sind mindestens 3 Personen erforderlich: Art. 113, I WG.

Der Sitz der Genossenschaft muß sich in Bayern befinden: Art. 116. Die diesem Orte vorgesetzte Distriktsverwaltungsbehörde

[1]) Siehe hiezu II. Abschnitt, Zwangsbenützungsfrage.

führt die Staatsaufsicht: Art. 132, II WG. Ueber den Inhalt der Staatsaufsicht sprechen die Art. 132—134 WG. Hiezu gehört selbstverständlich auch das Recht, gegen einen Vorstand einzuschreiten und statt dessen die notwendigen Handlungen vorzunehmen. Doch ist als allgemeiner Gesichtspunkt festzuhalten, daß den Genossenschaften innerhalb ihrer gesetzlichen und statutarischen Befugnisse möglichste Freiheit gewährt werden soll.

Art. 117 WG. enthält Bestimmungen über die Satzung. Die in den Vollzugsvorschriften enthaltene Mustersatzung dient zur Erleichterung der Beschlußfassung der Genossenschaften, sowie zur Erleichterung der mit der Instruktion betrauten Behörden. Die Mustersatzung enthält die für alle Arten von Genossenschaften gemeinsamen, sowie die für einzelne Genossenschaftsarten besonderen Bestimmungen. R. R. I, Pr. VIII S. 5. Die Satzung muß von der Kreisregierung genehmigt werden: Art. 118 WG. Nachträglich kann aus Art. 112 WG. die Bildung der Genossenschaft nicht mehr angefochten werden; denn durch die Genehmigung der Regierung wird unter allen Umständen der Nachweis des Gemeinwohles und des gemeinwirtschaftlichen Nutzens ersetzt. R. R. I, Pr. VIII S. 5.

Demgemäß tritt die Rechtsfähigkeit mit der definitiven rechtskräftigen Genehmigung der Satzung ein: Art. 118, II WG.

Die Art. 119—123 WG. enthalten die Bestimmungen über den Vorstand. Die Vertretungsbefugnis hat in Art. 119, I die gewünschte Vereinfachung für alle Fälle, auch wenn Gemeinden Genossenschafter sind, erreicht. Die Vertretungsbefugnis kann nach innen, nicht aber auch nach außen beschränkt werden: Art. 119, I WG. Für die Haftungsfrage — Art. 122, I WG. — sei erwähnt, daß § 1833 BGB. vorbildlich gewesen ist, für die Verjährungsfrist des Art. 122, II WG. der Art. 34, IV des Gesetzes betr. die Erwerbs- und Wirtschaftsgenossenschaften vom $\frac{\text{1. V. 1889}}{\text{20. V. 1898}}$.

Bezüglich der Leistungen der Einzelnen an die Genossenschaft ist primär das gütliche Uebereinkommen maßgebend; mangelt ein solches, so sind die Beiträge nach dem Maßstabe des Nutzens zu bemessen, welchen die einzelnen Grundstücke aus dem Unternehmen ziehen: Art. 142 WG. Dieser in erster Linie für landwirtschaftliche Zwecke bestimmte Maßstab wird, „entsprechend angewandt“, bei Trinkwasserversorgungen wohl dahin zu verstehen sein, daß das Maß des Wasserverbrauches für ein Grundstück, angezeigt durch den Wassermesser und zu berechnen nach der Wasserabgabe (= Wasserzins), als Grundlage der Leistung zu nehmen ist.

Die öffentlichrechtliche Natur der Leistungen ist in Art. 124 und 126 WG. ausdrücklich hervorgehoben; ersterer enthält die Bindung an das Grundstück, wie sie in Art. 122, II AG. z. BGB. erfordert wird, letzterer bestimmt die Anwendung der Vorschriften über Beitreibung von Gemeindeumlagen auf rückständige Leistungen.

Das Stimmenverhältnis regelt sich prinzipiell nach demselben Gesichtspunkte wie die Lastenverteilung: Art. 143 WG.

Dem Beitrittszwang steht eine Pflicht der Genossenschaft zur Aufnahme gegenüber, wenn einem benachbarten Grundstücke erweislich wesentliche Vorteile aus dem Unternehmen zugehen, ohne Nachteil für die bisherigen Genossenschafter: Art. 137, I WG.

Genossenschaften auf bestimmte Zeitdauer werden bei dem vorliegenden Zwecke wohl ausgeschlossen sein; auch die Bestimmungen über die Auflösung — Art. 127 WG. und Liquidation — Art. 128—131 WG. werden demgemäß nur selten zur Anwendung zu kommen haben.

Zweifellos werden bisherige Wasserversorgungsgenossenschaften, wenn sie sich diesen Vorschriften fügen, in öffentlichrechtliche Genossenschaften des neuen Rechtes übergeleitet werden können. —

Neben dieser Form der öffentlichrechtlichen Genossenschaft mit Privatrechtsfähigkeit können auch noch die Formen, die anderen Rechtsgebieten entnommen sind und schon bisher gewählt werden konnten, weiterbestehen. Ihre Anwendung wird sich freilich größtenteils auf die unter dem älteren Wasserrecht eingeführten und in das neue Recht nicht übergeleiteten Vereinigungen beschränken.

Für Trinkwasserversorgungen war und ist unanwendbar die bisherige Form der Genossenschaften bei Be- und Entwässerungsunternehmungen zum Zwecke der Bodenkultur.

Die meisten Vorteile, besonders in bezug auf Einfachheit in der Vertretung, Selbständigkeit und Geschlossenheit der Durchführung, sowie Sicherstellung der Einnahmen von den Wasserabnehmern bietet unzweifelhaft die gemeindliche Unternehmung. Sie kommt in ihren Befugnissen und Wirkungen der öffentlichrechtlichen Wassergenossenschaft am nächsten und kann in ihrem Kreise sogar erfolgreich mit der öffentlichen Wassergenossenschaft konkurrieren.

Die Gemeinden sind öffentliche Körperschaften mit dem Rechte der Selbstverwaltung nach Maßgabe der Gesetze: Art. 1 der GemO.

Unter die eigentlichen Gemeindeangelegenheiten, für deren Umfang die Vermutung streitet, fällt zweifellos die eminent wichtige Sorge für die Gesundheit und Reinlichkeit, speziell durch Versorgung mit gutem und reichlichem Wasser, eine Sorge, mit deren Betätigung fast jede Gemeinde die Lösung ihrer modernen sanitären Aufgaben beginnt. Die Wasserleitung wird als eine Gemeindeanstalt erklärt, die für die Benützung fällig werdenden Leistungen werden zu gemeindlichen Gefällen erhoben und unter den Schutz ortspolizeilicher Vorschriften gestellt.

Andererseits nehmen die Gemeinden aber auch als solche am Privatrechtsverkehre teil; denn „das bürgerliche Recht hat jedes von dem öffentlichen Rechte geschaffene Rechtssubjekt anzuerkennen".[1] Hieraus folgt weiter, daß für die Vertretung der Gemeinde auch ihre durch das öffentliche Recht geschaffene Verfassung — hier die Gemeindeordnungen — maßgebend sein muß, während der Privatrechtsverkehr sich nach den allgemein geltenden Vorschriften des Privatrechts zu richten hat.

Maßgebend für die Beurteilung, ob eine Gemeinde im Sinne

[1]) Beratung der II. Kommission des BGB.

Art. 1 GemO. vorliegt, ist der Stand vom 1. Juli 1869: Art. 2 GemO. Eine Ausnahmestellung kommt nach Art. 5 GemO. jenen Ortschaften zu, welche bis zum 1. Juli 1869 ein eigenes Gemeinde- oder Stiftungsvermögen besessen haben; diesen verbleibt nämlich ihr ausschließliches Eigentumsrecht und, soweit nicht durch Verträge anders bestimmt ist, das Recht gesonderter Verwaltung und Benutzung. Andere Ortschaften genießen diese Rechte einer juristischen Person nicht; ihre rechtliche Stellung regelt sich nach Art. 153 GemO.[1])

Bei einer Wasserleitung im Gebiete mehrerer Gemeinden gründete man, besonders in letzter Zeit durchweg, einen gemeindlichen Zweckverband nach Art. 37 DistriktsratsG., eine Genossenschaft des öffentlichen Rechtes. Nach genanntem Artikel „bleibt es einzelnen Gemeinden vorbehalten, für Unternehmungen und Einrichtungen, die ihren ausschließlichen Nutzen betreffen, oder bezüglich welcher ihnen ausschließliche Verpflichtungen obliegen, unbeschadet der Bestimmungen des genannten Gesetzes, in besondere Verbindungen zu treten oder in solchen zu verbleiben". Diesen Sondervereinigungen kommt jedoch weder die Eigenschaft öffentlicher Körperschaften zu, wenn auch der Verband und die Ansprüche und Verbindlichkeiten der Mitglieder im öffentlichen Rechte beruhen, noch eine Privatrechtspersönlichkeit. Nach der übereinstimmenden Ansicht der Theorie sind die Ansprüche und Verbindlichkeiten des Verbandes nur solche der einzelnen Gemeinden und zwar, soweit nicht die Verträge bestimmen, nach Maßgabe der für die bürgerrechtliche Gesellschaft geltenden Grundsätze im Verhältnis der Anteile der Gemeinden an dem Unternehmen. Auch steht dem Verbande keinerlei selbständige Vermögenseinheit zu, da sich die Rechte und Verbindlichkeiten des Verbandes in solche der einzelnen Gemeinden auflösen.[2]) Streitigkeiten zwischen Verbandsgenossen über Verpflichtungen aus dem Verbande sind vorbehaltlich der Bestimmung in Art. 13, I, 1 des Gesetzes vom 8. August 1878 über die Errichtung eines Verwaltungsgerichtshofes usw. Verwaltungsrechtsachen im Sinne des Art. 8 Ziff. 22 l. c. Für die Entscheidung eines solchen Streites ist der Inhalt der von den Verbandsgenossen abgeschlossenen Vereinbarungen maßgebend: VGH. XXVII, 34.

Diese Genossenschaft, bei der selbstverständlich Private ausgeschlossen waren, errichtete und betrieb die Wasserleitung; sie stellte die Beitragspflichten der einzelnen Gemeinden fest; die Bau- und Verwaltungskosten wurden zweckmäßig nach der Einwohnerzahl, die Betriebskosten nach dem Wasserverbrauche verteilt; andere Maßstäbe waren ferner die Viehzahl, sowie die direkten Steuern. Die Durchführung erfolgte in den einzelnen Gemeinden auf Grund der Gemeindeordnung; die Wasserleitung wurde als Gemeindeanstalt erklärt und unter den Schutz des Gemeinderechts gestellt, wie oben besprochen.[3])

Daneben gab es aber auch privatrechtliche Genossen-

[1]) Vgl. hiezu auch VGH. XIX, 26; XXV, 89; XII, 366.
[2]) Lermann, Kommentar zum DistriktsratsG. zu Art. 37 pag. 186.
[3]) Felsalbtalgruppe im kgl. Bezirksamte Pirmasens.

schaften, an denen neben einer oder mehreren Gemeinden auch Private teilnahmen. Als unbrauchbar erwies sich diese Form dann, wenn die genossenschaftlichen Privaten anders behandelt werden sollten als die nicht genossenschaftlichen Einwohner einer Gemeinde. Während letztere auf Grund von Statuten der gemeindlichen Finanzhoheit unterworfen waren, sollten die ersteren bezüglich ihrer Beitragspflicht als Genossenschafter sich einer Ausnahmestellung erfreuen. Abgesehen von den Schwierigkeiten des Einschreitens gegen zahlungssäumige Genossenschafter bot diese Form Gelegenheit zu manchen Streitigkeiten und Mißhelligkeiten, was sie mit Recht unbeliebt machte. Man suchte deshalb unter Beibehaltung der Privaten als Genossenschafter neben den Gemeinden diesem Uebel dadurch zu begegnen, daß man durch Genossenschaftsbeschluß die privaten Genossenschafter sich dem Abgabenerhebungsrecht der beteiligten Gemeinden nach Art. 40 GemO. unterwerfen ließ. Diese Form dürfte jedoch juristisch nicht einwandfrei sein. Zwar muß sofort zugegeben werden, daß eine Gemeinde die genossenschaftliche Wasserleitung mit Recht gegenüber ihren Einwohnern als gemeindliche Anstalt behandeln kann; denn daß sie nicht Alleineigentümerin, sondern nur Miteigentümerin ist, tut ihrem Eigentumsrechte nach dem Wortlaut des Art. 40 GemO. keinen Eintrag; es wäre sonst ja auch die Behandlung der rein genossenschaftlichen Wasserleitungen nach Art. 40 GemO. unmöglich. Doch erscheint es mit Rücksicht auf den Wortlaut des Art. 40 GemO. bedenklich, daß die Gemeinde den „Miteigentümern", denen gegenüber sie doch privatrechtlich gebunden ist, bei Erledigung ihrer Zahlungspflicht als Finanzhoheit gegenübertritt. Auch aus einem naheliegenden juristischen Gesichtspunkt erscheint dieser Ausweg als unmöglich: Auf der einen Seite die Mitberechtigung zur gesamten Hand, die typisch vollste Gleichberechtigung, auf der anderen Seite die Finanzhoheit. Angesichts dieser widersprechenden Prinzipien bleibt noch zu bedenken, daß das erstere auf Reichsrecht beruht, während das zweite aus dem Landesrecht ohne Berechtigung in das Gebiet des Reichsrechtes herübergenommen worden ist. Festzuhalten ist ferner, daß die Leistungen der Genossenschaft geschuldet werden; ein Beauftragter dieser Genossenschaft kann aber keine größere Machtbefugnis äußern als die Genossenschaft selbst, und sei es eine Gemeinde! Die Grundlage für die Regelung nach Art. 40 GemO., wie sie weiter unten ausführlich besprochen wird, liegt schon nach dem bisher Gesagten nicht vor. Da ferner der genannte Artikel, der über die gemeindliche Finanzhoheit handelt, als zwingende Vorschrift anzusehen ist, kann er nicht durch Verträge erweitert werden. Es verbietet sich also nicht nur die Behandlung dieser privatrechtlichen Leistungen als öffentliche Abgaben, sondern auch ihre Behandlung nach Analogie des Art. 40 GemO.; ferner fällt die Erörterung der Frage aus der Zuständigkeit der Genossenschaft heraus, kann also nicht durch Mehrheitsbeschlüsse erledigt werden, sondern nur durch Verträge der Gemeinden mit Jedem einzeln oder durch einstimmigen Beschluß. Die Behandlung solcher privatrechtlicher Leistungen als öffentliche ist auch unzulässig nach den Spezialbestimmungen des Zwangsversteigerungsgesetzes und der Konkursordnung.

Denn durch diesen „genossenschaftlichen Beschluß“ würden die rein privatrechtlichen Verpflichtungen auch in eine höhere Klasse, als ihnen gebührt, gehoben, ein Verfahren, das sich die anderen Gläubiger nicht gefallen zu lassen brauchen und bezüglich dessen eine vertragliche Bindung bei dem zwingenden Charakter der Vorschriften ohnehin nichtig wäre.

Die wesentlichen Punkte eines Statuts sind in einem Musterstatut in den Vollzugsvorschriften zu finden.

Zwar wird es öfters als Nachteil empfunden, daß die Genossenschaft an die jeweiligen Personen gebunden ist und mit dem Ausscheiden und Eintreten eines Gesellschafters eine Aenderung des Gesellschaftsvertrages notwendig wird; doch bietet sie gegenüber dem eingetragenen Verein, der diese Unannehmlichkeit nicht im Gefolge hat, manche Vorteile. Meist sind es doch bestimmte Unternehmer, die eine Wasserversorgung gründen. Nicht die rein persönliche Vereinigung ist das wesentliche Moment, wie bei dem dem Personenrecht angehörenden eingetragenen Verein, sondern der Zweck ist die Hauptsache; insofern kommt der Gesellschaftsvertrag, der seine Regelung im Rechte der Schuldverhältnisse findet — §§ 705 ff. BGB. —, den praktischen Bedürfnissen wieder mehr entgegen. Wohl ist die Form des eingetragenen Vereins mit dem Vorteile der juristischen Persönlichkeit verknüpft; doch schmiegt sich diese Form in seltenen Fällen der tatsächlichen Lage an. Es kommt bei besonders gearteten Verhältnissen manchmal die Gründung eines eingetragenen Vereines vor, wenn auf die Persönlichkeit der Unternehmer weniger Gewicht gelegt wird und viele weit entfernt wohnende Private sich an dem Unternehmen beteiligen, eine größere Zahl von Anschlüssen außerdem noch zu erwarten steht. Voraussetzung ist aber dabei, daß vom Gesichtspunkte des öffentlichen Vereinsrechtes kein Hindernis entgegensteht. Auch wegen politischer, sozialpolitischer oder religiöser Zwecke wird von der Verwaltungsbehörde bei Gründung eines Wasserleitungsvereins ein Widerspruch nicht zu erwarten sein. Doch verträgt sich der Charakter dieser rein personenrechtlichen Vereinigung, so besonders § 39 BGB., schwer mit dem sonst bei der Wasserleitung beliebten Realprinzip. In Zukunft wird diese Form mit Rücksicht auf die Neuregelung des Genossenschaftsrechtes wohl nicht mehr gewählt werden.

Ausgeschlossen ist natürlich die Form des wirtschaftlichen Vereines des bürgerlichen Rechtes, da das Erfordernis eines wirtschaftlichen Geschäftsbetriebes, also eines Geschäftsgebahrens in einem Umfange und in einer Gestalt, daß daraus ein besonderer Nutzen gezogen wird, bei einer Wasserversorgung niemals vorliegen darf und kann.

Aus demselben Grunde muß auch die Zulässigkeit einer Erwerbs- und Wirtschaftsgenossenschaft abgelehnt werden, ein Weg, auf welchem die Erlangung der Rechtspersönlichkeit früher versucht wurde.

In diesem Zusammenhange sind auch zu erwähnen die zur Anschaffung und Unterhaltung kostbarer Feuerlöschmaschinen gebildeten gemeindlichen Vereinigungen. Nach der Verordnung vom 6. Februar 1812 sind zur Anschaffung und Unterhaltung kostbarer Feuerlöschmaschinen größere Bezirke zu bilden, wenn jenes

Bedürfnis das gemeinsame Interesse mehrerer Gemeinden berührt oder dessen Befriedigung die Kräfte der einzelnen übersteigt. Durch Verordnung vom 12. Mai 1815 wurde sodann bestimmt, daß bei Vereinigung mehrerer Gemeinden zur Beitragsleistung für gemeinsame Zwecke die Gemeinden aus ihrer Mitte Vertreter zu bestellen hätten.[1]) Jene älteren Distriktsgemeinden waren aber, ihres Namens ungeachtet, keine Gemeindeverbände, sondern Gesellschaften von Gemeinden für bestimmte einzelne Zwecke und konnten von der Staatsaufsichtsbehörde nach ihrem Ermessen gebildet, umgebildet und aufgelöst werden.

Neben privaten, gemeindlichen und genossenschaftlichen Wasserversorgungsunternehmungen kommen auch solche von Distrikten, Kreisen und des Staates vor, sei es nun für einzelne Häuser, wie z. B. Distriktskrankenhäuser, oder für ganze Dörfer, wie die Heil- und Pflegeanstalt Eglfing bei München. Sie geben aber zu weiteren Ausführungen keinen Anlaß.

Am häufigsten treten genossenschaftliche Unternehmungen in die Erscheinung. Das Ueberwiegen dieser Form über die gemeindliche hat seinen Grund in der örtlichen Lage der Dörfer, manchmal der weiten Zuleitung und schließlich auch in den verhältnismäßig großen Kosten. Den folgenden Ausführungen soll aber aus Zweckmäßigkeitsgründen und mit Rücksicht auf den II. Abschnitt die gemeindliche Form der Wasserversorgung zugrunde gelegt werden.

2. Ueberblick über die technische Durchführung und die damit zusammenhängenden Fragen.

Von den Formen der Wasserversorgung sind zu unterscheiden die verschiedenen Arten der Ausführung. Die Vorbereitung und Ausführung umfaßt die Vornahme der Quelluntersuchungen, den Entwurf der Pläne, die Ausführung und Beaufsichtigung der Bauarbeiten. Die Ausführung kann erfolgen:

1. in eigener Regie der Gemeinde.

Die Gemeinde läßt durch ihre Beamten oder bestellte Sachverständige die eben genannten Arbeiten vornehmen. Naturgemäß werden nur größere Gemeinwesen mit reichlichen Geldmitteln in der Lage sein, die Projekte allein und sachgemäß anfertigen zu lassen.

2. Ein anderer, jetzt allerdings nicht mehr betretener Weg ist die Submission der ganzen Anlage durch Werkvertrag an Gesellschaften oder Konzessionare, in deren Eigentum die Wasserleitung blieb. Mit der Verbesserung der Technik, der klareren Erfassung der Aufgaben seitens des Staates und der Gemeinwesen ist diese Art der Durchführung zurückgetreten; nur in einigen pfälzischen Gemeinden gibt es noch Konzessionswasserwerke aus früherer Zeit; nach und nach gehen diese Werke aber in das Eigentum der Gemeinden käuflich über. Ein Konzessionswasserwerk besitzt z. B. noch Speyer. Dort beruhen, in allein richtiger Auffassung, die Wasserabgabe und

---

[1]) Seydel, Bayerisches Staatsrecht 2. Aufl. II. Bd. S. 135.

die Bezugsbedingungen auf einem privatrechtlichen Vertrage zwischen dem Wasserwerk und den Wasserabnehmern. So handhabte auch Straubing bis 1906 die Wasserversorgung.

3. Die letzte und häufigste Form ist die Durchführung mit technischer und finanzieller Unterstützung des Staates. In anbetracht der meist geringen verfügbaren Mittel der unternehmenden Gemeinde, welche eine gründliche technische Durcharbeitung und eine solide Ausführung der Wasserversorgung unmöglich machen würden, hat der Staat in selbstloser Weise eingegriffen.

Gemäß § 1, II d. ME. vom 11. Mai 1900, das kgl. Wasserversorgungsbüro betr., hat das Wasserversorgungsbüro die Aufgabe, jenen Gemeinden, welche ihre Wasserversorgungsverhältnisse zu bessern wünschen, durch Aufstellung der Projekte und Leitung der Bauausführung, sowie durch Begutachtung der von anderen Technikern aufgestellten Projekte behilflich zu sein. Nach § 1, III l. c. kann das kgl. Staatsministerium des Innern das genannte Büro beauftragen, auch in anderen, in das Gebiet der Wasserversorgung einschlagenden Angelegenheiten Beirat und Hilfe zu leisten. Nach § 1, IV l. c. wird diese Hilfe in der Regel kostenlos gewährt. Die Ausgaben werden aus dem Fond für Förderung des Feuerlöschwesens bestritten. Dieser Fond umfaßt nach § 89 Brandversicherungsgesetzes bis zu 7 % der Gesamtsumme der jährlichen Beiträge, welche neben anderen Aufgaben auch der Förderung genannter Zwecke dienen; hiezu kommen noch 3 % der von den in Bayern zugelassenen Mobiliarfeuerversicherungsgesellschaften erzielten Bruttoeinnahmen aus Versicherungsprämien, welche ebenfalls zum Fond für Förderung des Feuerlöschwesens der kgl. Staatsregierung zur Verfügung gestellt werden müssen. Zu den Aufgaben dieses Fond gehört unter anderen die Unterstützung von politischen und Ortsgemeinden zur Beschaffung von Trink- und Nutzwasser, zur Errichtung von Brunnen und Wasserleitungen ꝛc. Die Direktiven über die Würdigung und Verbescheidung der Gesuche um Staatszuschuß sind in der ME. vom 13. Dezember 1849, die Verwendung der Gewinnhälfte der München-Aachener Immobiliarfeuerversicherungsgesellschaft betr., enthalten.

Zur Gründung einer Gemeindeanstalt bedarf der Gemeindeausschuß der Zustimmung der Gemeindeversammlung: Art. 147 GemO., der Magistrat der Zustimmung der Gemeindebevollmächtigten: Art. 112, 5 GemO. Wird, was ja höchst selten der Fall sein wird, auch eine Garantie übernommen, so resultiert diese Pflicht auch aus Art. 112, 1 GemO. Diese Haftungsverbindlichkeit hat außerdem noch die vorgesetzte Staatsaufsichtsbehörde nach Art. 159, 5 zu genehmigen: VGH. XII, 200.

Will oder kann nun eine Gemeinde die Wasserversorgung nicht in eigener Regie durchführen, so sind nach Ziff. 1 d. ME. vom 16. Mai 1900, die Wasserversorgung der Gemeinden betr., die Gesuche um Aufstellung genereller Projekte oder um Begutachtung der von anderen Technikern erstellten Projekte, sowie um Staatszuschuß aus dem Wasserversorgungsfond mit den dort bezeichneten erforderlichen Beilagen durch die Distriktsverwaltungsbehörde dem kgl. Staatsministerium des Innern vorzulegen.

Nach Begutachtung des Gesuches erteilt das Staatsministerium dem Wasserversorgungsbüro den Auftrag zur Inangriffnahme der Arbeiten. Durch einen Beamten des genannten Büros erfolgt nun eine Besichtigung und Untersuchung des Quellengebietes nach Maßgabe der ME. vom 3. Februar 1897, Wasserversorgung der Gemeinden, hier chemische Untersuchung des Wassers bei Herstellung neuer Wasserleitungen betr. Auf Grund der Ergebnisse werden generelle Pläne und Kostenvoranschläge ausgearbeitet. Ueber die Annahme des oder der vorgelegten Projekte hat die Gemeinde Beschluß zu fassen, bejahendenfalls Antrag auf Herstellung eines Detailprojektes durch die Distriktsverwaltungsbehörde an das Wasserversorgungsbüro einzureichen. Anschließend daran nehmen Beamte des erwähnten Amtes Detailuntersuchungen im Quellengebiet vor; diese Forschungen dienen dem Detailprojekt zur Grundlage. Das Detailprojekt umfaßt den Erläuterungsbericht, den Kostenvoranschlag für die öffentliche Anlage, eventuell auch für Anschlußleitungen und die für die Bauausführung nötigen Hauptpläne. Die Zuleitung dieses Detailprojektes an die Gemeinde wird durch die Distriktsverwaltungsbehörde besorgt; in der Regel erfolgt mit Uebersendung des Detailprojektes, manchmal auch schon mit dem generellen Projekte, durch das Staatsministerium des Innern die Verbescheidung des Gesuches bezüglich der Gewährung eines Zuschusses aus dem Wasserversorgungsfond zu den Baukosten. cf. Ziff. 8 ME. vom 28. Januar 1879, die Verwaltung des Fonds für Förderung des Feuerlöschwesens betr.; gleichzeitig ist durch diese Behörde gemeindliche Beschlußfassung zu veranlassen. Hiezu ist gemäß Art. 47 GemO. erforderlich in Gemeinden mit städtischer Verfassung ein Beschluß des Magistrates unter Zustimmung der Gemeindebevollmächtigten, in Landgemeinden Gemeindeausschußbeschluß und Gemeindeversammlungsbeschluß: Art. 149 GemO. Für die Pfalz ist Art. 37 pfälz. GemO. maßgebend. Wird das Detailprojekt, wie vorgelegt, angenommen, so hat der gemeindliche Beschluß zu enthalten, daß die Ausführung der Wasserversorgung nach dem vorgelegten Detailprojekt und unter Oberleitung des kgl. Wasserversorgungsbüros zu erfolgen habe. Gleichzeitig sind die dem Akte mitgegebene Bauinstruktion, sowie die Vorschriften über die Vergebung der Arbeiten und Lieferungen unterschriftlich anzuerkennen. Auch hat sich die Gemeinde darüber beschlußmäßig zu äußern, wer die Kosten der Anschlußleitungen zu tragen habe, die, nebenbei bemerkt, stets von der unternehmenden Firma herzustellen sind, sowie darüber, ob Wassermesser eingeführt werden sollen.

Zunächst ist nun über die Kostendeckungsfrage Beschluß zu fassen, d. h. darüber, wie die nach dem Detailprojekt erforderlichen Kosten nach Abzug des Staatszuschusses, sowie die durch Ankauf, Ablösungen rc. erwachsenden Ausgaben, deren Höhe schon im allgemeinen festgestellt sein soll, gedeckt werden.

Hiebei sind in erster Linie hiezu reservierte Kapitalien, ferner Umlagen, in letzter Linie besondere Anlehen zu verwenden; die Aufnahme letzterer rechtfertigt sich nach Art. 61, 45 der GemO.

Die Darlehen sind von verschiedenen Banken zu mäßigem Zinsfuß zu erhalten. Einer besonderen Erwähnung bedarf aber eine staatliche Institution zur Unterstützung bedürftiger Landgemeinden. Durch das Gesetz vom 21. April 1884 in der Fassung vom 30. Mai 1900, die Landeskulturrentenanstalt betr., werden von genannter Bank Kapitalien beschafft zur Ausführung von Unternehmungen, wozu nach Art. 2 Ziff. 10 l. c. auch die Wasserversorgungen ländlicher Gemeinden gehören.

Die Gesuche bedürfen der Beschlußform und der Zustimmung der vorgesetzten Verwaltungsbehörde, der in Landgemeinden die Zustimmung der Gemeindeversammlung vorauszugehen hat: Art. 63, 47 GemO. Bei der staatsaufsichtlichen Genehmigung werden öfter Bedingungen gestellt; es bleibt hiebei aber zu bemerken, daß der Notar eine Auflassung unter einer Bedingung nicht vornehmen kann; es ist dem Notar auch nicht möglich, sich selbst von der Erfüllung der Bedingungen zu überzeugen; so wird entweder noch eine Mitteilung der Distriktsverwaltungsbehörde oder der sämtlichen beteiligten Gemeinden erforderlich. Im Hinblick auf Art. 63/46 der GemO. sind die Tilgungspläne und zwar in triplo der vorgesetzten Verwaltungsbehörde zur Genehmigung vorzulegen: Art. 63/47 l. c. Die Gesuche werden von der Distriktsverwaltungsbehörde an die Landeskulturrentenkommission weitergegeben, die das Gesuch verbescheidet. Die Darlehen der Rentenbank werden seitens der Anstalt unkündbar geliehen, wogegen sich die darlehennehmenden Gemeinden zu Zins- und Annuitätenzahlungen verpflichten müssen. Der Unternehmer muß sich außerdem zur Sicherheitsbestellung in Form einer Hypothek oder Reallast verbinden, wenn er nicht eine Gemeinde oder eine unter staatlicher Aufsicht stehende Stiftung ist. Der Zinsfuß beträgt in der Regel $3^1/_4$ %. Die Tilgung erfolgt durch $2^1/_4$ % in 28 Jahren. Die Verbescheidung und Verausgabung von Darlehen durch die Anstalt geschieht gebührenfrei.

Das Darlehen wird von der Bank in Landeskulturrentenscheinen gegeben und auf Rechnung der Darlehensnehmer veräußert. Die Darlehenssumme gelangt nach Abzug des Kursverlustes und der Verkaufskosten durch das Rentamt zur Auszahlung.

Sollte es sich wirklich ereignen, daß eine nicht vermögensfähige Ortschaft eine Wasserleitung ohne vorherige Sicherstellung der Deckung herstellte und hernach auf den Widerstand der politischen Gemeinde, sowie der angeschlossenen Einwohner stieße, so wäre, wenn die Wasserleitung wirklich Bedürfnis war, ein meist gangbarer Weg die von Staatsaufsichtswegen mit Rücksicht auf Feuerlöschbedürfnisse der politischen Gemeinde aufzuerlegende Pflicht, die hergestellte Leitung nach Art. 38/29 GemO. als gemeindliche Einrichtung ganz oder teilweise zu übernehmen. Gegen die Einwohner ließe sich nur im Zivilrechtswege vorgehen.

Auch über die Aufbringung der Zinsen und Annuitäten des Darlehens ist durch die Gemeinde Beschluß zu fassen. In der Regel erfolgt diese Deckung durch Erhebung einer Wasserabgabe gemäß Art. 40 GemO. Diese wird bemessen durch Wassermesser, Viehzahl oder nach versottenem Malz. Vielfach erfolgt auch die Einführung eines Lokal-Malz- und -Bieraufschlages, sowie anderer gemeindlicher Gefälle mit Genehmigung der vorgesetzten Dienstesstellen nach der Gemeindeordnung, die aber der staatsaufsichtlichen Genehmigung der Darlehensaufnahme vorherzugehen hat, als eine Bedingung und Voraussetzung der zu genehmigenden Deckung. Das Deckungsverfahren durch eigene Gebühren ist den Gemeinden in der ME. vom 19. August 1892, die wirtschaftlichen Verhältnisse der Gemeinden und Distrikte betr., nahegelegt.

Nach Erledigung der finanziellen Sicherstellung sind die übrigen Fragen des Privatrechtes, der Wasserverwaltung und Feuerpolizei zu bereinigen, die in den folgenden Kapiteln behandelt werden. Bei Erledigung mancher dieser Fragen bedarf der Vertreter der Gemeinde einer ausdrücklichen Vollmacht, so besonders gegenüber dem Notar.

Des Zusammenhanges wegen werden die Erörterungen über die technische Durchführung hier zu Ende besprochen; in der Praxis reiht sich vorher die Erledigung der privatrechtlichen und instruktionellen Verfahren ein.

Vor endgültigem Abschluß der privatrechtlichen Verträge sind nach Ziff. 5 der ME. vom 16. Mai 1900, die Wasserversorgung der Gemeinden betr., zur Vermeidung zweckwidriger und die gemeindlichen Interessen schädigender Uebereinkommen die in Frage stehenden Vertragsentwürfe durch die Bauherrschaft — die Gemeinde — der Bauoberleitung — dem Wasserversorgungsbüro — einzureichen, wogegen diese das Planmaterial kostenlos zur Verfügung stellt.

Die Kasseverwaltung erfolgt durch ein zu bestimmendes Mitglied der Gemeindeverwaltung, eventuell ist ein Ausschuß zu bilden. Ferner sind erforderlich Beschlüsse, ob einem oder mehreren Unternehmern die Ausführung übertragen werden soll. Die Bauoberleitung vergibt auf Wunsch die Arbeiten. Bauführer und Instrumente werden durch die Bauoberleitung ebenfalls zur Verfügung gestellt. Die Ausführung des Baues erfolgt unter Oberleitung des Wasserversorgungsbüros nach näherer Maßgabe der Ziff. 6 der ME. vom 16. Mai 1900, die Wasserversorgung der Gemeinden betr. Hierbei ist zu bemerken, daß die Auszahlung der staatlichen Zuschüsse aus dem Wasserversorgungsfond ratenweise erfolgt. Die Distriktsverwaltungsbehörde hat zudem die zweckentsprechende Verwendung des Darlehens der Landeskulturrentenbank geeignet zu überwachen: Art. 13 des Gesetzes vom $\frac{\text{21. IV. 1884}}{\text{30. V. 1900}}$ die Landeskulturrentenanstalt betr.

Ziff. 8 der ME. vom 16. Mai 1900 behandelt die Prüfung und Uebergabe der Bauten, Ziff. 9 l. c. die Unterhaltung der Werke.

Eine besondere Visitationspflicht durch die Techniker des Wasserversorgungsbüros setzt die ME. vom 23. Juni 1881, die Wasserversorgung der Gemeinden betr., fest.

3. Historischer Rückblick über das Wasserrecht und Ueberblick über das Wassergesetz von 1907.

Die maßgebenden Vorschriften des bayerischen Wassergesetzes von 1907 stützen sich auf Art. 65 EG. z. BGB.: „Unberührt bleiben die landesgesetzlichen Vorschriften, welche dem Wasserrechte angehören."

Die Wassergesetze von 1852 verraten auf den ersten Blick den volkswirtschaftlichen Standpunkt des seine Scholle pflügenden Bauern. Man darf nicht vergessen, daß die Zeit nicht allzuweit zurücklag, in der das Mißtrauen des „gemeinen Mannes" gegen die „Polizeiherrschaft" noch jeden vom Staate begünstigten Aufschwung hinderte oder wenigstens erschwerte; aber es zeigten sich doch da und dort schon Ansätze, mit diesen Erinnerungen der Feudalzeit zu brechen. Schüchtern und kaum in etwas größerem Wirkungskreise wie der Bauer nützte hier und da einer, wenn auch in bescheidener Weise, dem Beispiele eines Müllers folgend, für industrielle Zwecke eine Wasserkraft aus. Die furchtbaren Krankheiten, wie Typhus, machten sogar schon eine größere, aber immer noch primitive Fürsorge für wasserarme Gemeinden notwendig. Das Verkehrswesen lag noch ziemlich im Argen, die Flüsse waren fast alle unkorrigiert. Die einzige, von größerem Geiste beseelte Errungenschaft des alten Wasserrechtes waren die Kultur- und Uferschutzgenossenschaften; hier verließ man zuerst den individualwirtschaftlichen Standpunkt, bemerkenswerterweise gerade bei diesen Gebieten.

Unterdessen krönten die deutschen Fürsten in Versailles einen deutschen Kaiser, der die deutschen Stämme zu einem mächtigen Handelsvolke heranerzog. Wege und Straßen öffneten sich, Kapital floß ins Land, die Industrie nahm einen riesenhaften Aufschwung, der allgemeine Wohlstand hob sich, so daß man auch an die Lösung gemeinnütziger Aufgaben größeren Stiles herangehen konnte. So entstanden mächtige industrielle und gewerbliche Anlagen, die sich der in der Natur unbenützt vorhandenen Wasserkräfte bedienen wollten, es blühte in kurzer Zeit die Elektrizität mächtig empor, die uns noch täglich mit neuen Verwendungsarten überrascht, die Städte und Gemeinden wetteiferten, ihren Einwohnern die ungeheueren Vorteile eines guten Trink- und Nutzwassers zukommen zu lassen, und nicht zuletzt machte die Landwirtschaft in dem allgemeinen Konkurrenzkampfe energische Anstrengungen, durch gesteigerte Melioration und Bewässerung ihre Erträgnisse zu erhöhen. Es begreift sich sofort, daß bei einem so mächtig aufgeblühten Handel, so gesteigerten Bedürfnissen und so lebhaften verschiedenartigsten Interessen nicht mehr der alte, individualwirtschaftliche Standpunkt mit seinem Rechte Anwendung finden konnte: So war es dringendes Bedürfnis, ein neues Wassergesetz zu schaffen, wenn anders das Recht seine Aufgabe, ein Spiegelbild und zugleich ein Beherrscher des wirtschaftlichen Lebens zu sein, erfüllen sollte. Eine ausgleichende Macht war notwendig, eine alle Rechte und Interessen umspannende und in das wirtschaftliche Leben nach ihrer Bedeutung einreihende, objektiv würdigende Tätigkeit; und dazu ist allein der Staat berufen und seine Verwaltung, deren Befugnisse im Sinne einer modernen wirksamen Wasserverwaltung auszudehnen waren.

Eigentümlich aber ist es, wie sich diese Entwicklung aus der industriellen und gewerblichen Einzelwirtschaft zum Großbetriebe, die Entwicklung der sanitären und Verkehrsbestrebungen in dem neuen Recht äußerte. Obwohl der Entschluß, das Wasserrecht neu zu regeln, allein ein Kind dieser Erkenntnis genannt werden muß, zeigte er doch in dem Gesetze eine auffallende, divergierende juristische Tendenz, die nicht bloß dem großen Zuge unseres modernen Verkehrslebens schädigend entgegenzutreten geeignet ist, sondern auch das neue Gesetz Manchem als ungünstig und wenig befriedigend, und wohl auch als schwer verständlich erscheinen lassen wird:

Während einerseits die öffentlichen Flüsse dem „Gemeingebrauche", „der allgemeinen Benützung", einstweilen nur theoretisch betrachtet, immer mehr entfremdet werden, vielmehr das „Eigentum" gestärkt wird zugunsten des Staates, wird andererseits bei den Privatflüssen die eingreifende, regelnde und ausgleichende Tätigkeit der Verwaltung auf Kosten der Eigentümer gesteigert, manchmal bis zur Aufhebung des Gebrauchsrechtes, so daß das schon längst vorhandene „Eigentum" immer mehr abgeschwächt wird zugunsten des „Gemeingebrauches", des „Gemeinwohles."

Um zu einem vollen Verständnis dieser Gegensätze, dieses eigentümlichen juristischen Ergebnisses zu gelangen, bedarf es eines kurzen rechtshistorischen Rückblickes.

Die in ihren Bedürfnissen, dem Verkehrsleben und auch der Technik weit vorgeschrittenen alten Völker der Assyrier, Babylonier und Aegypter hatten schon umfassende Kulturanlagen, wie Bewässerungen, Wasserleitungen ausgeführt, die nur möglich waren auf Grund einer die Individualrechte bedeutend einschränkenden Wassergesetzgebung und Wasserverwaltung. Diesen Rechtssystemen kann die zwangsweise Entziehung und Belastung von Grund und Boden, sowie der zwangsweise Zusammenschluß von Interessenten zu gemeinnützigen Zwecken nicht fremd gewesen sein.

Wie die Technik uns deutlich zeigt, waren die Eindrücke aus dem Oriente an den römischen Eroberern nicht spurlos vorübergegangen. Gelangten die Römer gleichwohl nicht zu einem solch entwickelten Ausbau der Gesetzgebung, wie das ja in dem kriegerischen Charakter des Volkes und dem mit dem Erblassen desselben sofort beginnenden Niedergang hauptsächlich seine Erklärung finden mag, so haben sie doch in ihrem Rechte die Prinzipien klar erfaßt und ausgeprägt. Ihnen verdanken wir den Fundamentalsatz der Oeffentlichrechtlichkeit aller fließenden Gewässer. Privateigentum waren nur die teilweise versiegenden Wasser. Auf der Basis dieses Grundsatzes konnte der römische Staat, jedem kommenden Bedürfnisse gewachsen, seine jetzt noch berühmten Aquädukte, Kanäle und Kloaken ausführen.

Anders waren die Rechtsbegriffe bei den Germanen. Das lag daran, daß sie kaum erst aus einem Nomadenvolke ein seßhaftes, ackerbautreibendes Volk geworden waren. Ihre Bedürfnisse und ihr Recht waren einfach. Die aus der Nomadenzeit herüberwirkende unzerreißbare Stammes- und Hundertschaftsangehörigkeit mußte sich auch in ihrem Rechte widerspiegeln. Es gab eine Reihe von Gütern im volkswirtschaftlichen Sinne, welche dem Stamme, der Hundertschaft, der Mark gemeinsam waren. Diese Güter gehörten allen Konmarkanen, keinem ausschließlich; jeder hatte daran Gebrauchs- und Nutzungsrecht, keiner konnte Teilung verlangen, es war das charakteristische deutsch-rechtliche Gesamthandsverhältnis. So galten auch als Bestandteil der „gemainen March" die „Flüsse, welche den Wald durchflossen", während zum Privateigentum die Bäche gehörten, „welche nur das Feld durchflossen". Die Mark übte ein Oberaufsichtsrecht über die zur gemeinen Mark gehörigen Flüsse. Mit der Erkenntnis der Bedeutung der größeren Flüsse als Heerstraßen traten diese wegen ihrer Schiff- und Floßbarkeit als Gesamtgut zu dem Stammesgut.

Im 12. Jahrhundert begann das römische Recht die deutschen Eroberer und die deutschen Verhältnisse zu beeinflussen. Ein Markstein dieses Einflusses ist die Konstitution Friedrichs I. de regalibus. Nov. 1158.[1])

Dort wurden die öffentlichen schiffbaren Flüsse und die, aus denen solche werden, in Pausch und Bogen zu Eigentum des Königs erklärt und mit einem Schlage der Gemeingebrauch aufgehoben. Landesherren, Fürsten und Städte sorgten ihrerseits für die Durchführung dieser Theorie, sobald sie in den kauf-, pfand- oder lehenweisen Besitz der Regalien gekommen waren. Nur kümmerlich erhielt sich da und dort der Gemeingebrauch an fließendem Wasser, als gesetzwidrige Ausnahme.

Aus dem Gesichtspunkte des Schutzes des Reiches, eigentlich aber aus Fiskalität war diese bedeutungsvolle Konstitution erlassen worden. Damals schon sah man in dem Landesherrn eine gewisse Verkörperung des Staatswohles; nur so ist die fundamentale Rechtsänderung zu erklären. Befördert wurde diese Rechtsänderung durch die Rechtsunklarheit, die allenthalben durch das Eindringen des fremden Rechtes und das Vergessen des alten heimischen Rechtes entstanden war.

Daneben hielt sich aber im Gebiete des gemeinen Rechtes der Grundsatz der Oeffentlichkeit der fließenden Welle aufrecht; „ein Gewohnheitsrecht, daß nur die schiff- und floßbaren Flüsse zu den öffentlichen gehörten, ist nicht nachweisbar", sagt das RG. ZS. 52, 380. Dieses Prinzip war aber das echt deutsche, das im Gegensatz zu dem römischen stand.

Mußte das Bestehen von zwei geltenden, sich konträr gegenüberstehenden Theorien der Rechtsentwicklung an und für sich schon verhängnisvoll werden, so wurde das Recht völlig auf einen falschen Boden gestellt durch Vermengung der römisch- und deutschrechtlichen Rechtsbegriffe.

Während das römische Recht dem Eigentümer die ausschließliche und volle dingliche Verfügung über sein Eigentum gab, war das

[1]) Monumenta Germaniae historica. Constitutiones et acta publica imperatorum et regum. Legum sectio IV, Tom I. Ludewicus Weiland 1893 pag. 244.

deutschrechtliche Eigentum an schiff- und floßbaren Flüssen ein Gesamthandsverhältnis, das zwar „Eigentum" des betreffenden Verbandes war, faktisch sich aber in dem Gemeingebrauch erschöpfte, da gerade hier irgendwelche Exklusivität, sogar eine Teilungsmöglichkeit, ausgeschlossen war.

Zu dieser fundamentalen Verkennung des Unterschiedes des römischen und deutschen Rechtsbegriffes kommt noch weiterhin, daß der strenge römisch-rechtliche Eigentumsbegriff eine Anwendung auf die fließende Welle nach seinem Wesen gar nicht verträgt. Will man übrigens wirklich von Eigentum am Gewässer sprechen, so ist dies Eigentum nur möglich und mit Rücksicht auf den das Gewässer tragenden Grund und Boden; das „Eigentum" am Gewässer kann seine gesetzliche Stütze im modernen Rechte nur als „Bestandteil" des Eigentums an Grund und Boden suchen und finden. Aber hier handelt es sich nicht um ein beliebiges Zubehör oder Bestandteil eines Grundstücks, wie bei den Früchten auf dem Halme; vielmehr zieht die in unausgesetzter Bewegung fließende Welle schon von Natur aus einem solchen Eigentumsrechte derartige Schranken, daß von einer dauernden Verfügung und Beherrschung der freifließenden Wasserwelle keine Rede sein kann. Das charakteristische dingliche Zugriffsrecht auf das Eigentum, wo es der Eigentümer findet, ist hier geradezu ausgeschlossen; das Eigentum degradiert sofort wieder zu einem dinglichen Gebrauchs- und Nutzungsrecht.

Das bayerische Wasserbenützungsgesetz von 1852 beließ im Gegensatz zum württembergischen Rechte diesen inneren Widerspruch, indem es, der altdeutschen Auffassung folgend, die schiff- und floßbaren Gewässer als ein zur allgemeinen Benützung bestimmtes Staatsgut erklärte. Faktisch war damit schon das Eigentum des Staates deklariert. Mit der Individualwirtschaft vertrug sich dieser Standpunkt ja noch ganz gut. Die Erkenntnis der Unrichtigkeit mußte mit der ganzen Schwere erst dann fühlbar werden, wenn das Leben sich reicher und großzügiger entfaltete und die Interessen in Widerspruch gerieten.

Das Festhalten an dem Eigentumsbegriff am fließenden Wasser machte der Regierung bei der Behandlung der Adjazentenflüsse im Entwurf des alten Gesetzes große Schwierigkeiten. Schließlich ließ sie die Frage, ob man ein Miteigentum pro diviso oder pro indiviso annehmen sollte, in dem Entwurfe unentschieden.[1])

Seit dieser Zeit lebte sich der Begriff „Eigentum am Gewässer" erst so recht im Rechtsbewußtsein des Volkes ein, so und so viele Existenzen hatten sich auf diesen Begriff gegründet; so erschien es 1906 der Staatsregierung unmöglich, diesen Begriff auszumerzen und durch den „Gemeingebrauch" an den öffentlichen Flüssen zu ersetzen. Es wäre in unserem Rechtsstaate die Umwandlung nur möglich gewesen im Verein mit einer Ablösung sämtlicher Eigentums- und dinglichen Rechte, was schon vom finanziellen Standpunkte aus als eine Unmöglichkeit bezeichnet werden muß; eine Entrechtung durch das Gesetz ohne Entschädigung war von vornherein undiskutabel. Die Staatsregierung

[1]) Motive zum Wasserbenützungsgesetz von 1852, Einleitung.

erkannte die Mängel des grundsätzlichen Standpunktes des Gesetzes schon 1851, schreckte jedoch schon damals vor dem Gewaltakte zurück.[1])

So beließ man notgedrungen diesen unseligen Begriff als die Basis auch des neuen Wassergesetzes und beschränkte sich auf die Adaptierung des alten Gesetzes auf die modernen Verhältnisse. Die Anpassung vollzog sich in dem schon eingangs betonten Gegensatze. Die öffentlichen Gewässer wurden förmlich zu Eigentum des Staates erklärt; dies war schließlich nur mehr eine Konsequenz. Faktisch änderte sich dadurch einstweilen nichts. Allerdings ist diese Aenderung auch, und vielleicht hauptsächlich, aus fiskalischen Rücksichten getroffen worden; man wollte das volle, römischrechtliche Eigentum des Staates unanfechtbar klarstellen, um bei späteren Zugriffen nicht auf Schwierigkeiten zu stoßen. Und hieran knüpfen sich die einstweilen noch nicht beruhigten Befürchtungen der Industrie und des Kapitals. Gesetzt, es treffen neue Erfindungen ein, besonders große Bedürfnisse, so wird der Staat eben sein Eigentum in erster Linie benützen und mancher Wasserbenützer, der auf Ruf und Widerruf zugelassen worden ist, wird weichen müssen, vielleicht einem Konkurrenzunternehmen des Staates. Dann wäre aber das Gemeinwohl durch die Fiskalität geschädigt. Diese Möglichkeit in einer allerdings nicht nahen Zukunft bleibt bestehen und sie wird einstweilen lähmend auf Industrie und Kapital wirken, deren wir in Bayern doch so dringend bedürfen.

Schließlich liegt auch noch eine andere Gefahr in diesem fiskalischen Art. 2 des WG. Es ist nicht bloß leicht möglich, sondern bei der immer noch nicht scharfen Scheidung zwischen Fiskalität und Gemeinwohl im öffentlichen Rechte sogar sehr wahrscheinlich, daß der Staat seine Interessen stets als die des stärkeren Gemeinwohles betrachtet. Das kann auch für eine Stadt oder eine Gemeinde nicht ganz unbedenklich werden, die später einmal gezwungen wird, ihre Wasserversorgung auszudehnen. Die jetzt so perherorreszierte Monopolisierung würde dann Grundsatz sein. Zwar besteht jetzt nach den überaus beruhigenden Erklärungen der kgl. Staatsregierung keine Gefahr, eine wesentliche Erschwerung dieser wichtigen gemeindlichen Aufgaben befürchten zu müssen, doch liegt die Möglichkeit von Verwickelungen und Schädigungen immerhin in diesem Artikel verborgen.

Bei den Privatgewässern mußte die Reform viel gründlicher Platz greifen als bei den öffentlichen. Da der Eigentumsbegriff selbst festgehalten wurde, mußten die Auswüchse, die das starre Privateigentum am Wasser den verschiedensten modernen Interessen gegenüber zeitigte, durch eine ausgedehntere Verwaltungstätigkeit eingeschränkt werden im Sinne einer ausgleichenden Würdigung der Interessen zum verhältnismäßigen Wohle aller oder eines bestimmten Kreises von Interessenten, d. i. des Gemeinwohles. Hiebei kann Gemeinwohl nicht nur das überwiegende Interesse der Allgemeinheit gegenüber einem privaten bedeuten, sondern auch das notwendig zu berücksichtigende Maß von kulturellen, sanitären, wirtschaftlichen Lebensbedingungen einer mehr

---

[1]) Motive zum Wasserbenützungsgesetz 1852, Einleitung.

oder minder großen Anzahl von Menschen. Eine Menge von Gebrauchsrechten und Verfügungsfreiheiten mußte der private Wassereigentümer aufgeben, und was ihm bleibt, ist manchmal nicht viel mehr als eine nuda proprietas.

Ausgehend von dem Gemeinwohle als den notwendig zu berücksichtigenden Interessen eines größeren oder kleineren Kreises von Beteiligten erschien es dem Gesetzgeber nicht mehr als billig, Leuten, die eine oft ungezählte Reihe von Jahren im Vertrauen auf die von jeher bestehenden Verhältnisse ihren Erwerb in einer bestimmten Art der Wasserbenützung gesucht und gefunden hatten, die jahrelang Arbeit und Kapital zur Verbesserung dieses Erwerbszweiges aufgewendet hatten, lediglich deswegen gegenüber einem egoistisch ausbeutenden Quelleneigentümer völlig rechtlos zu erachten, weil sie einen dinglichen oder obligatorischen Rechtstitel nicht oder nicht mehr aufweisen können. Dieser Rechtsstandpunkt mußte, konsequent durchgeführt, zum wirtschaftlichen Ruin vieler Existenzen führen und das nur, um andere glückliche Besitzer zu bereichern. Die Motive zum Gesetze sagen auf Seite 82 ausdrücklich, daß das Recht an den Forderungen des öffentlichen Wohles seine Schranken finden muß; so drängten diese wirtschaftlichen und sozialpolitischen Gesichtspunkte zu einer Aenderung der bisherigen Bestimmungen.

Das neue Wassergesetz findet jedoch auf bereits anhängige Verwaltungs- und Verwaltungsrechtsverfahren nach dem 1. Januar 1908 nur dann Anwendung, wenn bis dahin noch nicht ein instanzieller Endbescheid ergangen ist: Art. 210 WG.[1])

4. Instruktionsverfahren nach Artikel 19 des Wassergesetzes.

Bei modernen Wasserversorgungsanlagen wird grundsätzlich kein Fluß- oder stehendes Wasser herangezogen. Denn diese Art von Wasser ist nicht nur mit kostspieligen Kühlungs- und Filtrationsanlagen, sowie besonderen Ausgaben für die Beaufsichtigung dieser Anlagen durch geeignetes Personal verknüpft (Kitzingen am Main), sie ist auch bei aller Kostspieligkeit nicht so gut und gesund, wie reines, durch natürliche Prozesse gefiltertes Grund- und Quellwasser. Es begreift sich also leicht, daß, wo irgend angängig, nur Quellwasser, Grund- und Tiefquellenwasser, letzteres durch artesische Brunnen erbohrt, zu Wasserversorgungszwecken gewählt werden.

Die Zutageförderung oder Ableitung von Grund- und Quellwasser für größere Wasserleitungen unterliegt vom 1. Januar 1908 ab der vorgängigen Erlaubnis der Verwaltungsbehörde: Art. 19, I, 1 WG. Maßgebend für die Uebergangszeit ist der Beginn der Erdarbeiten. Nicht nötig ist die Erlaubnis für die Versorgung mit Trink- und Nutzwasser für den Hausbedarf oder vorübergehende Zwecke: Art. 19, I 2 l. c. Wird Grund- und Quellwasser zufällig erschlossen, so ist nachherige Erlaubnis zur Ableitung nötig.

---

[1]) Motive zu Art. 207 d. Entw. S. 140; X. Prot. d. K. d. R. I. Lesg. S. 16.

Das Verfahren nach Art. 19 WG. ist neuen Rechtes; es hat nicht bloß den Zweck einer ausgleichenden Tätigkeit zwischen den einzelnen Interessenten und der billigen Entschädigung der zurücktretenden Interessen, sondern dient auch wesentlich der Durchführung und Sicherung höherer Interessen, des Gemeinwohles: Art. 19, III, II WG.

Das Gesuch um Erlaubnis zur Zutageförderung und Ableitung wird mit den notwendigen Plänen zur Instruktion bei der Verwaltungsbehörde eingereicht. Die Pläne dienen zur Feststellung des Kreises der Beteiligten. Zur Beschleunigung des Verfahrens und zur raschen Ermittlung sämtlicher Beteiligter wird es zweckmäßig sein, die Pläne vom kgl. Wasserversorgungsbüro ausarbeiten und damit zugleich über die Grundwasserverhältnisse zwecks Abgrenzung des Schädigungsgebietes technische Erhebungen anstellen zu lassen. Die Festlegung des Schädigungsgebietes kann jedoch nur der Uebersichtlichkeit und Erleichterung des Verfahrens dienen, darf aber keinesfalls dazu benützt werden, Interessenten, die auf Grund Gesetzes berücksichtigt werden müssen, von dem Verfahren auszuschließen.

Nach Einreichung des Antrages zur Instruktion werden bei einigermaßen größeren Projekten die ermittelten Beteiligten schriftlich, etwa sonst Beteiligte durch Ausschreiben im Amtsblatte zur Verhandlung geladen mit dem Beifügen, daß Einwendungen gegen das Unternehmen bei Vermeidung des Verlustes spätestens in der Verhandlungstagfahrt geltend zu machen sind. Dieser nach Analogie des Art. 74 WBG. bei Errichtung von Triebwerken und Stauanlagen geschaffene Art. 168, V WG. bezweckt eine schleunige und endgiltige Abwicklung des Instruktionsverfahrens. In der Verhandlungstagfahrt kann Augenschein eingenommen werden: Art. 168, III, 2 WG. Im übrigen wird das ganze Verfahren durch die Offizialmaxime beherrscht: 168, I l. c.; es kann deshalb auch ein eventuell zu erwartendes übermäßiges Sachverständigenaufgebot durch die Parteien von der Behörde abgelehnt werden: 168, IV.

In der Verhandlungstagfahrt werden die privatrechtlichen Einsprachen gegen das Unterehmen, die Entschädigungsansprüche aus Privatrechten, sowie die gemäß Art. 19, III und Art. 177, I b zugelassenen Interessenten mit öffentlich-rechtlichem Titel geltend gemacht. Letztere sind Interessen, welche entweder Wasserbenützungsanlagen seit 30 Jahren besessen oder als Grundeigentümer ohne besondere Anlage das zum Grundeigentum gehörende Wasser seit 30 Jahren entweder selbst, oder durch ihre Rechtsvorgänger ohne größere Unterbrechung benützt haben, sowie endlich solche, die unter den gleichen Bedingungen die Fischerei ohne nachweisbare Privatrechte ausgeübt haben. Hiebei sollen vorübergehende kürzere Unterbrechungen, wie sie bauliche Veränderungen, Störungen im Betriebe durch Brand und andere Unglücksfälle oder ein schwebendes Konkursverfahren, Aenderungen im Betriebe, wenn auch hiedurch eine größere Wassermenge benützt wird, keine Unterbrechungsgründe bilden.[1]) Zweifellos gehören hieher auch große Trockenheit, Arbeiterstreiks, Unterbrechung bei Todesfällen, ferner Betriebsunfälle

[1]) Ausschußbericht S. 16.

aller Art, kurz, solche Hinderungsgründe von beschränkter Dauer, denen gegenüber der Wille des Betreffenden machtlos ist, oder die eine Fortführung des Betriebes während der Behinderung nicht zulassen, aber gerade die Fortführung anstreben. Nicht hieher gehört ein Rechtsakt, der im Zivilrecht die Verjährung unterbrechen würde.

Nach Anmeldung der privaten und öffentlichen Rechte sowie eines etwa noch nicht „berechtigten" Gemeinwohles, z. B. einer fremden gemeindlichen Wasserversorgung aus demselben Quellengebiete, erfolgt die genaue Würdigung jedes einzelnen Interesses. Hiebei ist vor allem die Frage zu prüfen, ob die Wasserleitung im speziellen Falle ein dringendes Bedürfnis ist, ferner ob sie nicht auf andere Weise eingerichtet werden kann. Daran schließt sich bei jeder Wasserbenützungsanlage die genaue Untersuchung über Wassermenge in den verschiedenen Jahren, über die derzeitige Ausnützung der Wasserkräfte, ferner über den tatsächlichen Wert der ausgenützten Wasserkräfte, den Kraftverlust und die Entwertung der einzelnen Wasserkraftanlagen, eventuell auch Erhebungen über die technischen Einrichtungen, über die Betriebsverhältnisse, die Jahresproduktion (Steuerbetrag) und andere zur Ermittlung des Wertes der vorhandenen Wasserkräfte dienlichen Nachforschungen, ferner Feststellung der vorhandenen Fischgattungen, ihres Bestandes, Qualität und dergleichen Erhebungen mehr.

Hierauf erfolgt die allgemeine Würdigung der einander gegenüberstehenden Interessen und ihres Verhältnisses zu einander. Aus den im volkswirtschaftlichen Teile dieser Abhandlung niedergelegten Gründen erhellt, daß es sich bei der Wasserversorgung um ein ganz bedeutendes Gemeinwohl handelt, das keinesfalls unberücksichtigt bleiben darf. Ergibt sich bei der Prüfung, daß dem Gemeinwohle der Wasserversorgung ein anderes, wie z. B. der in Frage kommende Ernährungsstand zahlreicher Familien oder die Hinderung einer größeren Anzahl von Landwirten in der erforderlichen Wiesenbewässerung[1]) gegenübersteht, so ist jeweils unter Würdigung sämtlicher einzelner Momente das überwiegende Gemeinwohl festzustellen, wobei unter Umständen die Priorität ausschlaggebend sein kann. Das geringer zu bewertende Gemeinwohl muß, wenn es neben dem größeren nicht bestehen kann, gegen Entschädigung zurücktreten oder sich Einschränkungen gefallen lassen. Es kann aber auch sehr wohl möglich sein, daß die Existenzfrage einer größeren Anzahl von Familien einer nicht dringlichen Wasserversorgung, die vielleicht nicht einmal gerade dieser Quellen notwendig bedarf, prävalieren kann.

Es läßt sich auch der Fall denken, daß, gelegentlich des Antrages eines Dritten, eine Gemeinde, die nicht früh genug sich der notwendig zu beschaffenden Quellen versichert hat, ihr notwendiges Bedürfnis anmeldet und, obwohl sie nicht „berechtigt" ist, in Ansehung eines baldigst einzureichenden Projektes durchdringen kann.

Wird schon in weitaus den meisten Fällen, in denen die Wasserversorgung mit einem anderen Gemeinwohle zu kämpfen hat, das größere Lebensbedürfnis der Wasserversorgung zuzusprechen sein, so ist der Schutz

[1]) Ausschußbericht S. 14.

derselben gegenüber bestehenden privaten und öffentlichen Rechten Einzelner um so durchgreifender; es ist ausgeschlossen, daß Interessen Einzelner, die sich nicht als Gemeinwohl qualifizieren, zum Versagen der Erlaubnis für ein Gemeinwohl oder zur übermäßigen Beschwerung durch Auflagen führen können. Zurückstehen muß immer das private Interesse. Kann es voll oder zum Teile nicht neben dem größeren Interesse bestehen, so muß es ganz zurücktreten und sich mit einer billigen Entschädigung zufrieden geben.

Die entgegenstehenden Privatrechte sind in der Regel bekannt (Art. 19, V WG.). Meist schon vor dem Verfahren nach Art. 19 l. c. werden von den Unternehmern mit den Inhabern dieser Rechte Vorverträge abgeschlossen werden, wodurch die Rechte für den Fall der Genehmigung der Anlage nach bestimmtem Maße abgefunden werden sollen; die noch unbekannten Privatrechte werden durch das Aufgebotsverfahren nach Art. 168, V WG. festgestellt. Die Durchführung dieser Rechte im Streitfalle muß aber den Zivilgerichten, im übrigen die Auseinandersetzung mit der unternehmenden Gemeinde im Wege der freien Vereinbarung vorbehalten bleiben; denn sie gehört nicht zum Verfahren des Art. 19, der nur der Durchführung des stärkeren Gemeinwohles und der Sicherstellung der privatrechtlich nicht in Betracht kommenden langjährigen Wasserbenützer dient: Art. 19, V WG. Sollte ein Inhaber eines Privatrechtes gegen die Durchführung aus seinem Rechte einen Einspruch erheben, so könnte entweder unter Vorbehalt der gesonderten Austragung dieses Einspruches der Bescheid erteilt oder das Verfahren bis zur Erledigung des Einspruches, eventuell auch durch das einzuleitende Zwangsverfahren ausgesetzt werden, keinesfalls aber dürfte die Abweisung des Antrages auf Genehmigung der Ableitung erfolgen: Art. 170 WG.

Die Beteiligten nach Art. 19, III WG. sind, wo nur irgend möglich, durch technische Maßnahmen in ihrer Existenz zu schützen. Erst wenn dies untunlich ist, — übrigens ein im Gesetze mehrmals gebrauchter Ausdruck für „unmöglich" — sollen die Beteiligten nach Maßgabe der eingetretenen Schädigung und auf Grund des gesetzlich getroffenen Maßstabes Vergütung erhalten. Auf ihre Berücksichtigung im Instruktionsverfahren haben die hier in Frage kommenden Beteiligten einen Verwaltungsrechtsanspruch: Art. 19, III mit Art. 177, I b WG. Die Höhe der Entschädigung ist jedoch nach Art. 19, IV l. c. dem freien Ermessen der Verwaltungsbehörde unterstellt, der Rechtsweg im Zivil- und Verwaltungsrechtsverfahren ausdrücklich ausgeschlossen. Hierdurch werden die in fast allen Fällen über die Höhe der Entschädigung zu erwartenden Rechtsstreitigkeiten im Interesse aller Beteiligten vermieden.

Die Festsetzung der Entschädigung nach Art. 19, III WG. hat unter Berücksichtigung zweier Momente zu erfolgen, die noch besprochen werden müssen: Das Moment der Erheblichkeit des Schadens und das der Angemessenheit der Entschädigung.

Entschädigt wird 1. nur der „erhebliche" Schaden, den der Beteiligte erleidet. Diese Einschränkung ist besonders bei dem Nichtvorliegen eines Zivilrechtes und den gesteigerten Entschädigungspflichten des Unternehmers nicht mehr als billig gegenüber dem Unternehmer. Selbstverständlich ist zur Feststellung des Charakters der Erheblichkeit des Schadens notwendig nicht bloß, daß er nachweisbar ist, sondern auch daß bei jedem Beteiligten gesonderte Erhebungen gepflogen werden, die einen Vergleich zwischen seinem bisherigen Betriebe und dem eingetretenen Schaden ermöglichen; hieraus ist festzustellen, ob ein erheblicher Schaden für den Betreffenden eingetreten ist. Es wird aber auch

2. nur „angemessen" entschädigt. Wird der „erhebliche" Schaden nur aus der bei dem beteiligten Interessenten eingetretenen Schädigung berechnet, so resultiert die Angemessenheit der Entschädigung unter Betrachtung aller besonderen Umstände aus der vergleichenden Prüfung der Interessen des Unternehmers und des speziell Beteiligten im Besonderen. In dem Begriffe „angemessen" liegt ferner, daß keine Entschädiguug für entgangenen Gewinn, in der Regel auch nicht volle Entschädigung für den entstehenden Schaden gewährt wird.

Nicht bloß das höhere Gemeinwohl wird also günstig für die unternehmende Gemeinde beurteilt werden müssen, sondern auch die größere Last der durch Ablösung von Rechten erwachsenen Geldverpflichtungen, ferner auch eine geringere finanzielle Leistungsfähigkeit der unternehmenden Gemeinde, unter Umständen die frühere Geltendmachung des Anspruches, während andererseits für die Bemessung des den Beteiligten zuzusprechenden Schadensersatzanspruches günstig in die Wagschale fallen kann die gänzliche Mittellosigkeit, das Angewiesensein auf einen bestimmten Lebensunterhalt, der durch das neue Unternehmen aufgehoben oder gemindert werden soll, sowie die Bewertung dieser Beschäftigung für die allgemeine soziale und wirtschaftliche Lage.

Aus diesen Ausführungen ergibt sich von selbst, daß jeweils jede Entschädigungssumme nach ihrer Grundlage und Höhe gesondert zu berechnen ist. Zur Prüfung der Höhe der Ansprüche kann die Verwaltungsbehörde auch neue Gutachten einholen, sowie Beweise erheben.

Das Entschädigungsverfahren ist Bestandteil des Instruktionsverfahrens. Folglich ist mit der einmal gewährten Genehmigung jede spätere Geltendmachung von neuen oder höheren Ansprüchen ausgeschlossen.[1])

Bezüglich der entgegenstehenden Privatrechte wird bei der Erteilung der Erlaubnis ein Vorbehalt gemacht.

Der Vollzug der Erlaubnis, d. h. die Inangriffnahme der Arbeiten kann nach Art. 19, IV, 2 WG. von der Leistung einer entsprechenden Sicherheit für die Erfüllung der Entschädigungspflicht durch die unternehmende Gemeinde abhängig gemacht werden. Soweit Privatrechte durch das Verfahren beschränkt werden, involviert das Verfahren sogar eine abgekürzte Zwangsenteignung. Die Absätze I bis III des Art. 19 WG. sind verwaltungsrechtlicher Natur; es ist deshalb wegen Nichtberücksichtigung von Beteiligten, sowie aus dem Gesichtspunkt der Verkennung des Gemeinwohles die Verwaltungsrechtsbeschwerde nach Art. 177 WG. zulässig; hierdurch kann einem etwa folgenden Zwangsenteignungsverfahren präjudiziert werden.

[1]) Stenogr. Bericht. Spez. Deb. S. 696.

5. Privatrechtliche Fragen.

Teils vor, teils nach der Instruktion und Genehmigung gemäß Art. 19 WG. sind die privatrechtlichen Fragen zu erledigen. Es wird sich hiebei empfehlen, allgemein gehaltene Vorverträge abzuschließen, die die Grundlage für Abtretung und Entschädigung enthalten; es wird dies meist deswegen nötig sein, weil sich anfangs die Lage und Bedürfnisse nicht im vollem Umfange übersehen lassen. Die privatrechtlichen Fragen, die sich natürlich auch mit Fragen öffentlich-rechtlichen Inhalts vermischen, sind im wesentlichen folgende:

a) Quellenrecht. Erwerbung von Quellgrundstücken. Erwerbung einer Quell- oder Grundwasserbezugsdienstbarkeit. Heilquellenrecht. Bergquellenrecht. Erwerbung und Pachtung von Grundstücken zu anderen Zwecken der Wasserversorgung.

b) Ablösung von Rechten. Wasserbenützungsrechte. Realgewerbeberechtigungen. Fischerei.

c) Erwerbung von Wasserkräften.

d) Rohrleitungsdienstbarkeiten.

a) Quellenrecht.

Erwerbung von Quellengrundstücken. Erwerbung einer Quell- oder Grundwasserbezugsdienstbarkeit.

Der nächste und sicherste Weg zur rechtlichen Sicherung des dauernden Bezuges von Quell- und Grundwasser ist der Erwerb des Quell- oder Grundwassergrundstückes; denn das Eigentum an dem Grundstücke umfaßt auch das auf dem Grundstücke vorhandene Grundwasser (Art. 16, I, 2 WG.), wozu auch das auf dem Grundstücke versiegende Niederschlagswasser, sowie Sickerwasser aus Flüssen und unterirdischen Zuflüssen gehört; ferner umfaßt das Grundstückseigentum auch das Quellwasser: Art. 16, I, 3 WG. Dies war auch der Standpunkt des alten Rechtes: Art. 33. WBG. bezüglich des Quellwassers und analog nach Art. 33 WBG. bezüglich des Grundwassers:[1])

Die Grundstücksübereignung kann eine freiwillige oder eine zwangsweise sein.

Bei der freiwilligen Uebereignung verpflichtet sich der eine Teil, entweder kaufs- oder schenkungsweise, dem anderen Teile das Eigentum an dem Grundstücke zu übertragen. Dieser obligatorische Vertrag bedarf nach § 313 BGB. Art. 141 EG. z. BGB. und Art. 15, II AG. z. GBG. in der Fassung des Art. 167 AG. z. BGB. der Beurkundung durch einen Notar.

Das nun folgende dingliche Rechtsgeschäft, die Eigentumsübertragung, besteht gemäß § 873 BGB. aus der Einigung des Berechtigten und des anderen Teiles (Auflassung), und der Eintragung der Rechtsänderung in das Grundbuch. Nach § 925 BGB. muß die Einigung bei gleichzeitiger Anwesenheit beider Teile vor dem Grundbuchamte erklärt werden. Nach § 20 GrO. soll weiterhin vor

[1]) Oberst.GH. ZS. VII S. 47.

demselben die Einigungserklärung beider Teile erfolgen. Laut Art. 143 EG. z. BGB. und Art. 81 AG. z. BGB. kann die Einigung auch vor einem Notar erklärt werden.

Gemäß § 98 GrO. und Art. 12 AG. z. GrO. soll das Grundbuchamt die Erklärung der Auflassung nur entgegennehmen, wenn die nach § 313 BGB. erforderliche Urkunde vorgelegt wird. Dasselbe gilt für Notare; der Vorlegung der Urkunde steht die Aufnahme durch den Notar gleich.

Bei Vorliegen einer zivilrechtlich bindenden Verpflichtung zur Uebertragung des Eigentums kann nach § 894 ZPO. eine rechtskräftige Verurteilung erfolgen, die die Abgabe der Willenserklärung bei der Auflassung ersetzt. Auf Grund des übergebenen rechtskräftigen Urteiles und der eigenen mündlichen Einwilligungserklärung zur Eigentumsübergabe muß die Eintragung in das Grundbuch erfolgen.

Mit dem Vollzug dieser Vorschriften ist die unternehmende Gemeinde zur Ableitung des Quell- oder Grundwassers in der durch die Verwaltungsbehörde genehmigten Weise berechtigt.

Sind aber die Quell- oder Grundwassereigentümer nicht gewillt, das fragliche Grundstück abzutreten, oder stellen sie zu hohe Forderungen, so können sie zur Abtretung gezwungen werden. Die Abtretungspflicht wird ja meist schon durch das Verfahren nach Art. 19 WG. und durch das eventuell folgende verwaltungsrechtliche Instanzenverfahren indirekt durch Bejahung eines vorliegenden Gemeinwohles festgestellt werden. In dieser Richtung bietet das neu eingeführte Instruktionsverfahren die Möglichkeit einer Vermeidung oder möglichsten Abkürzung des Zwangsenteignungsverfahrens.

Die Zwangsenteignung stützt sich auf die Art. 153 ff. WG., die gegenüber dem Art. I A 6 a ZwEG. als Spezialbestimmungen gelten.

Nach Art. 153 Ziff. 6, 5 WG. ist die Zwangsentäußerung zulässig:

1. von Grund- und Quellwasser für öffentliche Zwecke, insbesonders zur Befriedigung eines unabweisbaren Bedürfnisses einer Gemeinde oder einer Ortschaft, sowie

2. zur Herstellung und Unterhaltung von genossenschaftlichen Nutz- und Trinkwasserleitungen. Im wesentlichen decken sich diese Spezialbestimmungen mit den allgemein gehaltenen Erfordernissen des Art. I ZwEG., wonach Eigentümer angehalten werden können, unbewegliches Eigentum für öffentliche, notwendige oder gemeinnützige Zwecke abzutreten, insbesondere zur Herstellung öffentlicher Wasserleitungen, wenn dieselben vom gemeinen Nutzen erfordert werden.

Dem Art. 38 des WBG. von 1852 gegenüber ist die Ausdehnung des Zwangsenteignungsrechtes auf das Grundwasser als Objekt und auf Ortschaften, sowie Genossenschaften als Subjekte neu.

Die klärende und erläuternde Rechtsprechung des Verwaltungsgerichtshofes über das alte Recht, sowie die neu getroffenen Bestimmungen bedürfen hier der Erwähnung.

Die wesentliche Voraussetzung eines Zwangsenteignungsverfahrens ist das Vorliegen eines öffentlichen, notwendigen oder gemeinnützigen Zweckes.

Bei dem zweifellosen Gegebensein des einen Erfordernisses der Gemeinnützigkeit einer Wasserversorgung bedarf es nur mehr des Nachweises der Notwendigkeit des Bedürfnisses, um die Zwangsenteignung aus Art. 153, 6 WG. zu rechtfertigen. Aber auch im Hinblick auf Art. I A 6 a ZwEG. und den darauf fußenden Art. 153 Ziff. 5 kann nicht gefordert werden, daß außerdem der Nachweis der zweckmäßigsten Verwirklichung notwendig sei, da Ziff. a des Art. I A ZwEG. ausdrücklich nur das alternative Vorliegen der einen oder anderen Bedingung verlangt. Dieser Ansicht ist auch der VGH.: „Der Charakter der Gemeinnützigkeit ist nicht von dem Nachweise einer absoluten Notwendigkeit oder eines unabweisbaren Bedürfnisses abhängig;[1]) die zweckmäßigste Verwirklichung wird neben dem gemeinen Nutzen nicht mehr erfordert.“[2])

Die Gemeinnützigkeit ist nicht ausschließlich vom Standpunkt des Unternehmers, sondern unter Berücksichtigung des allgemeinen Wohles zu beurteilen. Der allgemeine Nutzen müßte dann verneint werden, wenn nach Ausführung des Unternehmens eine größere Anzahl von Personen in ihrer Existenz bedroht oder ganzen Ortschaften das Wasser entzogen oder in bedenklicher Weise verkürzt würde. Es darf nicht außer Acht gelassen werden, daß nach der ganzen Tendenz des ZwEG. dem Grundbesitzer von dessen Eigentum entwehrt werden soll, nicht mehr gewonnen werden darf, als zur Erreichung des angestrebten Zweckes nötig ist.[3]) Wenn durch die Zwangsabtretung für ein an sich gemeinnütziges Unternehmen ein anderes für die Zwangsabtretung in Anspruch genommenes mindestens gleichwertiges Unternehmen solcher Art wesentlich geschädigt würde, so kann ersterem die Zwangsenteignung zu ungunsten des letzteren nicht zugestanden werden.[4])

Es ist auch kein Erfordernis, daß das Unternehmen nur der Allgemeinheit mit Ausschluß jeden Privatvorteiles für die Unternehmer zugute kommt.[5])

Nach dem Wortlaut des Art. 153 Ziff. 6 WG. und wohl auch der Ziff. 5 kann die Zwangsenteignung gefordert werden für die Erweiterung einer bestehenden oder für die Anlegung einer zweiten Wasserleitung neben oder statt der anderen. Diese Folgerung hat der VGH. schon aus Art. I ZwEG. gezogen.[6])

Der Umstand ferner, daß man, um einem drohenden Mangel rasch abzuhelfen, sich einstweilen mit der notwendigsten Wassermenge begnügt, also einstweilen noch keine definitive Regelung anstrebt, steht der Durchführung der Zwangsenteignung nicht entgegen.[7])

Noch einige Bemerkungen über das Objekt der Zwangsenteignung:

---

[1]) VGH. XVI, 41.
[2]) VGH. IV, 190; IX, 393, 403.
[3]) VGH. XXVI, 234.
[4]) VGH. XXIV S. 418.
[5]) VGH. XVI S. 41.
[6]) VGH. IV, 190.
[7]) VGH. XIII, 68.

Der Charakter eines Quell- oder Grundwassers als Staats- oder Gemeindeeigentum steht einer Zwangsenteignung, theoretisch betrachtet, nicht entgegen, da ja nur res extra commercium nicht enteignungsfähig sind.[1]) Bezüglich der Pflicht der Gemeinde zur Abtretung ihres Eigentumes besteht ebenfalls kein Zweifel.[2])

Da Art. 153 WG. nur von Quell- und Grundwasser spricht, ist klar, daß eine Ableitung aus einer Wasserleitung, einem Kanale, die in Art. 16 WG. unter einer ganz anderen Ziffer als das Quell- und Grundwasser aufgeführt sind, nicht hierher gehört; die Ableitung aus einer Wasserleitung ist ferner eine Reallast und könnte schon deshalb nicht Objekt der Zwangsenteignung sein.[3]) Hierdurch erübrigt sich in diesem Falle die Frage, ob dadurch nicht ein Gemeinwohl Schaden erleidet.

Bezüglich der Fassung der Ziff. 5 und 6 des Art. 153 WG. in bezug auf das Objekt dürfte ebenfalls kein Unterschied bestehen, da das Grund- und Quellwasser als Bestandteil des Grundstücks zu behandeln ist: Art. 16 WG., demzufolge schon auf Grund der allgemeinen Anordnung des Art. I ZwEG. mit dem Grundstücke zwangsenteignungsfähig sind.[4]) Somit enthält, bloß das Objekt betrachtet, Ziff. 6 gegenüber Ziff. 5 l. c. nur einen besonderen Fall.

Was die enteignungsberechtigten Subjekte anlangt, ist folgendes zu bemerken:

Das Zwangsenteignungsrecht der Gemeinde wird wohl auch bei dem unabweislichen Bedürfnisse eines Teiles der Gemeinde oder Ortschaft zugestanden werden müssen: Art. IV ZwEG., Art. 153 Ziff. 6 WG.

Auch einer Gesellschaft oder einem Unternehmer kann das Zwangsenteignungsrecht gemäß Art. IV ZwEG. zustehen, wenn von der Regierung die Ausführung genehmigt und den bezeichneten Personen übertragen worden ist. Hiezu kommt noch eine Entscheidung des VGH. XXIII, 227 in Betracht, wonach „die Gemeinden unter den Voraussetzungen des Art. I ZwEG. berechtigt sind, für jede der dort bezeichneten Unternehmungen die Entwehrung auch dann zu beanspruchen, wenn sie nicht zugleich als Unternehmerin auftritt." Die in den Gründen als ausschlaggebende erwähnte Aeußerung des Abgeordneten v. Reindel in der Sitzung der K. d. A., daß „es nicht auf das Subjekt, sondern einzig und allein auf das Objekt ankomme und ganz einerlei sei, ob eine Behörde, eine Majorität oder Minorität, eine Gemeinde, eine Gesellschaft oder ein Privater den Antrag zu einer Zwangsabtretung stellt", fasse ich nicht so auf, daß eine Gemeinde auch für eine Sache, die sie vorerst noch nichts angeht, als Sachwalterin auftreten und dadurch die in Art. IV Ziff. 2 ZwEG. für Privatunternehmungen besonders vorgeschriebene Prüfung in bezug auf Zweckdienlichkeit und Gemeinnützigkeit vereiteln könne. Auch Genossenschaften steht nach Art. 153 Ziff. 5 WG. zur Herstellung und Unterhaltung von Trink- und Nutzwasserleitungen das Zwangsenteignungsrecht zu.

---

[1]) Henle, Komm. z. ZwEG. S. 53, 54 zu Art. I.
[2]) VGH. XVII, S. 328.
[3]) VGH. XXIV, 418.
[4]) Motive S. 125 z. WG. v. 1907.

Zum Schlusse ist noch festzustellen, daß die Verpflichtung zur Zwangsabtretung nur endgiltig, nie auf Zeit oder unter einer auflösenden Bedingung ausgesprochen werden kann.[1])

Der Vollständigkeit wegen ist noch der Fall Art. I B ZwEG. zu erwähnen, wonach bei dringender Not ohne vorgängiges förmliches Verfahren und ohne Aufenthalt, jedoch gegen nachträgliche volle Entschädigung, also in Fällen öffentlichen Notstandes, die Zwangsabtretung gefordert werden kann. Hieher gehört z. B. plötzliches Versiegen des bisherigen Quellgebietes einer Stadt, starke, zu großen Wasserverlusten führende und augenblicklich nicht zu behebende Defekte an der Wasserleitung.

Außerdem gestattet Art. 28 WG. in den Fällen gemeiner Gefahr, also nur vorübergehend, die Entnahme von Wasser aus öffentlichen und Privatgewässern, in der Regel ohne Entschädigung.

Bezüglich des Verfahrens ist durch Art. 154 WG. das ZwEG. und die hieher gehörigen Vorschriften des AG. z. ZPO. und KO. in der Fassung vom 26. Juni 1899 aufrecht erhalten, soweit nicht die Art. 155, 156 WG. Aenderungen getroffen haben.

In dem verwaltungsrechtlichen Verfahren über Enteignung einer Quelle sind Triebwerksbesitzer, Wässerungsberechtigte und Fischereiberechtigte, welche ein „Recht" auf den ungeminderten Quellenabfluß geltend machen, als Beteiligte zu betrachten.[2]) Die Entscheidung darüber, ob den Interessenten ein im Zwangsenteignungsverfahren zu berücksichtigender Rechtsanspruch wirklich zusteht, hat in erster Instanz die kgl. Regierung in dem auf den Enteignungsanspruch zu erlassenden Bescheid zu treffen.[3])

Herrscht nach der beschlußmäßigen Festsetzung der Höhe der Entschädigung durch die Distriktsverwaltungsbehörde auch darüber noch Streit, so ist derselbe bei dem Zivilgerichte, in dessen Bezirke das Grundstück liegt, zum Austrag zu bringen: Art. 21 AG. z. ZPO. und KO.

Nach Art. 26, 1 l. c. wird bei gütlicher Einigung der Beteiligten über die Abtretungsfrage die Abtretungserklärung mit der Protokollierung durch die Distriktsverwaltungsbehörde rechtswirksam. Hiebei bleibt der dingliche Rechtsakt erhalten mit der Modifikation, daß gemäß Art. 143 EG. z. BGB. und Art. 26, 2 AG. z. ZPO. und KO. die Auflassung auch vor der Verwaltungsbehörde erklärt werden kann.

Gemäß Art. 17 AG. z. ZPO. und KO. ist bei stattgehabter gütlicher Einigung sowohl, wie bei rechtskräftig ausgesprochenem Zwange zur Abtretung auf Grund Art. 22 l. c. gegen Erlegung der festgesetzten Entschädigungssumme und des Betrages der den Abtretungspflichtigen erwachsenen Kosten die Einweisung in den Besitz des Abtretungsgegenstandes durch die Distriktsverwaltungsbehörde zu erwirken, die durch Beschluß der Behörde erfolgt. Uebergabe ist nicht erforderlich. Auf

---

[1]) VGH. XXIV, 418.
[2]) VGH. XXVI, 234.
[3]) VGH. XXVI, 234.

Grund des Beschlusses hat der neue Eigentümer seine Eintragung im Grundbuch zu erwirken.

Etwaige, zur Vorbereitung des Unternehmens erforderliche Handlungen können mit Genehmigung der Verwaltungsbehörde schon nach Feststellung der Zulässigkeit der Zwangsenteignung gegen Entschädigung vorgenommen werden, eventuell auch gegen auferlegte Sicherheit, eine Bedingung, zu welcher jedoch der Staat nicht verpflichtet werden kann: Art. 156 WG.

Wo weniger Geldmittel vorhanden sind, begnügt man sich notgedrungen mit einem weniger durchgreifenden Mittel: der Erwerbung einer Wasserbezugsdienstbarkeit.

Da es ein selbständiges Quell- und Grundwassereigentum nicht gibt, dies vielmehr bloß ein Bestandteil des Grundstückseigentums ist, kann derjenige, der über Quellen ohne Eigentum an dem Grundstücke verfügen will, sich das Verfügungsrecht über das auf dem Grundstücke vorhandene Wasser lediglich dinglich — vom Eigentümer gegen dessen Eigentum und gegenüber allen anderen Personen — zusichern lassen. Da dieses Recht nicht zugunsten eines „herrschenden Grundstücks" bestellt wird, sondern zugunsten einer Gemeinde, einer juristischen Person, so ist bei dem selbstverständlichen Vorhandensein der Bedingung des konkreten Bedürfnisses und des dauernden Charakters desselben eine beschränkte persönliche Dienstbarkeit nach § 1090 BGB. gegeben.

Abgesehen von der Ertragsfähigkeit einer Quelle, der Wasserschüttung, wird im Rahmen der Servitutbestellung eine solche Dienstbarkeit auf das zu befriedigende Bedürfnis des Berechtigten abgestellt werden müssen: § 1091 BGB.[1]) Daraus folgt eigentlich schon von selbst, daß die Ueberlassung dieser Dienstbarkeit an Dritte nach § 1092 BGB. eigens gestattet sein müßte. Weil die beschränkte persönliche Dienstbarkeit unübertragbar, kann sie auch nicht mit Nießbrauch und Pfandrecht belastet werden.

Ist nun auch die Quellenbenützung im engsten Sinne, die Verfügung über das zutage fließende Wasser — und auch das erbohrte Grundwasser ist bei seinem Zutagetreten als Quellwasser zu bezeichnen — der wesentliche Inhalt der Dienstbarkeit, so werden doch noch eine Reihe anderer Beschwerungen auf das Grundstück zu legen sein, die sämtliche denselben juristischen Charakter wie die erste tragen. Ihrem Inhalte nach teilen sie sich in folgende Hauptarten: Gestattung aller Maßnahmen zur Fassung und Entnahme des Wassers auf ewige Zeiten, sowie der Vorkehrungen zur Sicherung der Fassungsanlagen und der Reinheit des Wassers in jedem erforderlichen Umfange, Duldung der Fassungsanlagen auch mit den zutagetretenden Schachtdeckungen und Ueberbauten, Duldung jeglicher Reparaturen und anderer eventuell vorzukehrender Maßnahmen, ferner die Gestattung, daß jederzeit Begehungen durch Beauftragte und Instandsetzungsarbeiten vorgenommen werden dürfen. Je nach Lage der Sache kann auch noch die Verpflichtung des Quellgrundstückseigentümers aufzunehmen sein,

---

[1]) Planck 3. Aufl. III. Bd. p. 409.

den Ablauf etwaigen Uebereichwassers auf sein Grundstück, vielleicht in größerer Menge oder in anderer Richtung als bisher, zu dulden. Meist sind auch auf benachbarten Grundstücken Dienstbarkeiten zu bestellen des Inhalts, daß auf diesen Grundstücken keinerlei Bestand oder Wirkung der Fassungsanlagen beeinträchtigende Handlungen vorgenommen werden dürfen. Diese Dienstbarkeiten werden auch bei Erwerb des Quellgrundstückes eigens zu bestellen sein.

Bei Festsetzung solcher Stipulationen empfiehlt sich die weitschauendste Vorsicht und allgemeinste Fassung, um chikanösen Prozessen, die aus irgendwelchen Reibereien entstehen können, vorzubeugen.

Mit Rücksicht auf die Wichtigkeit einer vollen Herrschaft über das Quellgrundstück für die ganze Anlage dürfte der Ankauf desselben dringend anzuraten sein.

Die Bestellung solcher Dienstbarkeiten erfolgt ähnlich wie der Erwerb des Eigentums auf doppelte Art; freiwillig und zwangsweise.

Freiwillig durch Einigung und Eintragung nach § 873 BGB. oder im Zwangsenteignungsverfahren und durch gerichtliches Urteil, letztere wie oben; das Zwangsenteignungsverfahren gemäß der Ermächtigung der Art. 154 und 155 WG. Auf Grund des letztgenannten Artikels kann, entgegen dem Art. I ZwEG. der zur Enteignung Verpflichtete auf der Abtretung seines Eigentums an Stelle der in Anspruch genommenen Belastung mit einer Dienstbarkeit nur dann bestehen, wenn die Belastung zur Folge hätte, daß sein Eigentum nicht mehr zweckmäßig, d. h. der wirtschaftlichen Bestimmung gemäß mit Erfolg, benützt werden könnte; in dem Art. I ZwEG. ist dagegen dem Eigentümer zwischen der Zwangsabtretung und Zwangsbeschwerung ohne Einschränkung die Wahl gelassen gewesen.

Bezüglich der praktischen Durchführung ist anzufügen, daß die zwangsweise Bestellung von Dienstbarkeiten sich nicht sonderlich empfiehlt; denn die entäußernde Gemeinde ist, trotz aller Rechtstitel, doch zu sehr auf den guten Willen des Enteigneten angewiesen; es empfiehlt sich deshalb, wenn schon Zwang angewendet werden muß, sofort die durchgreifendere Form der Zwangsenteignung.

Heilquellen- und Bergquellenrecht.

Schon nach Art. 2 des Berggesetzes — aufrechterhalten nach Art. 67 EG. z. BGB. und Art. 1 AG. z. BGB. — war bisher die Aufsuchung und Gewinnung von Soolquellen dem Staate vorbehalten. Doch konnte auf dem Wege der zufälligen Erschließung durch Vornahme von Grab- und Bohrarbeiten im Bereiche der Quellen diesen trotzdem großer Schaden zugefügt werden. Es waren deshalb im neuen Wassergesetze besondere Bestimmungen zugunsten der heilkräftigen Quellen erforderlich, auch mit Rücksicht auf die Gesundheitspflege im prägnanten Sinne, die Erhaltung des Volkswohlstandes in den Orten mit heilkräftigen Quellen und nicht zuletzt im Hinblick auf den notwendigen Schutz gegen die Industrie, die dem Boden wertvolle, unersetzliche Bestandteile, wie Kohlensäure, zu entziehen begann.

Der Art. 20 WG. bestimmt nun, daß die Vornahme von Grab- und Bohrarbeiten zum Zwecke der Ableitung von Grundwasser in dem von der kgl. Regierung festgesetzten Bereiche von öffentlich benützten Heilquellen, wozu auch Quellen im Privateigentume gehören, einschließlich der Solquellen, der Erlaubnis der Verwaltungsbehörde bedarf; vor deren Erteilung ist der Eigentümer der Heilquelle mit seinen Erinnerungen zu hören. Nach den Motiven[1]) sind genehmigungspflichtig alle über die gewöhnlichen, für landwirtschaftliche Zwecke hinausgehenden Eingrabungen unter die Erdoberfläche. Auf Grund von Sachverständigengutachten der geognostischen Abteilung des Oberbergamtes wird festzustellen zu sein, nicht bloß, ob ein Versiegen oder Abfließen der alten Quellen bevorsteht, sondern auch, ob durch die Arbeiten die chemische Zusammensetzung, insbesondere der Kohlensäuregehalt oder die Quellenschüttung Schaden leidet: Art. 20, II WG.

Ist die Erlaubnis gegeben, stellt sich aber nachträglich heraus, daß die Arbeiten den Bestand oder die Beschaffenheit der Heilquelle beeinträchtigen, so kann die Verwaltungsbehörde auf Antrag des Eigentümers der Quelle die Einstellung der Arbeiten und die möglichste Wiederherstellung des früheren Zustandes verfügen unter Festsetzung der Ersatzpflicht des Antragstellers bezüglich der Kosten der Vornahme und der Einstellung der Arbeit, sowie der Kosten der Wiederherstellung des früheren Zustandes.

Auf diesem Umwege könnte der Art. 19, III der Regierungsvorlage des Wassergesetzes, dem ja der Art. 20 WG. stark ähnelt, auch wieder auf die Wasserversorgung anwendbar werden. Wegen der großen Unsicherheit, der kolossalen Zeit und Mühe, sowie des bedeutenden Kostenaufwandes, die die Vorbereitung und Einrichtung einer Wasserversorgung erfordern, wird es daher möglichst zu vermeiden sein, im Bereiche von Heilquellen Grundwasser zu Wasserversorgungszwecken erbohren zu wollen. Die Ableitung von Quellwasser unterliegt nur Art. 19 WG., auch im Bereiche von Heilquellen.

Ausgeschlossen ist nach Art. 181 des Berggesetzes auch das Eigentum des Grundstücksbesitzers bezüglich einer Quelle, welche ein Bergwerksbesitzer erschroten hat, auch wenn er sie zutage hat ausfließen lassen, und zwar ist der Zugriff des Grundstückseigentümers ausgeschlossen bis zur Vereinigung dieses Grubenwassers mit anderen bestehenden Tagwässern; in einem solchen Falle bleibt das Vorrecht der Benützung zum Betriebe des Bergwerkes und der dazu gehörigen Aufbereitungsanstalten dem Bergwerksbesitzer vorbehalten.

Erwerbung und Pachtung von Grundstücken zu anderen Zwecken der Wasserversorgung.

Rechtlich nach demselben Gesichtspunkte zu beurteilen und deshalb gleich hier zu behandeln ist die Erwerbung von Grundstücken zu anderen Zwecken, wie zur Erbauung von Maschinenhäusern, Wasserbauten aller Art, Kanalanlagen, Schächten, Sammlern, Saugbassins,

[1]) Bem. zu Art. 20.

Reservoiren, bleibenden Zufahrtsstraßen oder Zugangswegen. Hierbei wird im notariellen Vertrag das Ausmaß der zu erwerbenden Flächen nur annähernd angegeben und der Preis für die Flächeneinheit vereinbart, das wirkliche Ausmaß erst nach Vollendung des betreffenden Bauwerkes festgestellt und hiernach die Gesamtkaufssumme festgesetzt.

Rechtlich ohne besonderes Interesse ist die ebenfalls notwendig werdende zeitenweise Pachtung von Grundstücken in der Nähe der Bauplätze zur Ablagerung des Bauaushubes oder der Baumaterialien, zur Anlage von Zufahrtsstraßen auf die Dauer des Baues, zur provisorischen Ableitung von Bächen und Kanälen, zur Gewinnung von Material behufs Anlage von Dämmen, Böschungen usw.

b) Ablösung von Rechten.

Wasserbenützungsrechte.

Selten wird eine Gemeinde in der glücklichen Lage sein, die Grundstücke von der Quellfassung bis zur Ortschaft ihr eigen nennen zu können. Ist dies nicht der Fall, so kann die gemeindliche Wasserleitung in mancher Weise in den Rechtskreis Dritter vernichtend oder hemmend eingreifen müssen. Die privatrechtlichen Fragen, die sich gelegentlich der Zuleitung des Wassers ergeben, sollen im folgenden Behandlung finden.

Privatrechtlich steht dem Quelleigentümer auch nach neuem Rechte prinzipiell die volle Verfügung über das Quellwasser zu: Art. 16 WG.[1]) Da nach § 905 BGB. das Recht des Eigentümers eines Grundstückes auch auf den Erdkörper unter der Erdoberfläche sich erstreckt, kann der Eigentümer nach Belieben demselben Wasser entnehmen, sofern nicht Gesetz oder Rechte Dritter entgegenstehen: § 903 BGB. Der Nachbar hat auch kein Recht, zu verlangen, daß auf dem anliegenden Grundstücke das sich dort sammelnde Grundwasser in seinem Bestande um deswillen belassen werde, damit auch auf seinem Grundstücke das Grundwasser erhalten bleibe. Kann sich das Grundwasser vermöge seiner natürlichen Lage nicht selbst erhalten, so kann nicht beansprucht werden, daß ihm das Nachbargrundstück als Stütze diene. Rechtswidrig wird die Handlung des Quelleneigentümers bloß dann, wenn er dem benachbarten Grundstücke dadurch die Tragfähigkeit entzieht.[2]) Diese zivilrechtlichen Bestimmungen bleiben neben den Vorschriften des Art. 19 WG. in Kraft. Das private Nachbarrecht des BGB. enthält keine Beschränkung der beliebigen Entnahme von Quell- und Grundwasser, mag auch hierdurch die Möglichkeit der Entnahme von Quellwasser auf einem benachbarten Grundstücke beeinträchtigt, erschwert oder unmöglich gemacht werden. Auch den übrigen, mit den Art. 65, 67, 111, 124 EG. z. BGB. vorbehaltenen landesgesetzlichen Vorschriften des Wasserrechtes, Bergrechtes — mit Ausnahme der schon erwähnten Solquellen und der vom Bergwerksbesitzer erschrotenen Grubenwässer, wenn sie zutage ausfließen —, der Eigentumsbeschränkungen im öffent-

[1]) Mot. S. 81 zu Art. 17 l. c.
[2]) OGH. VII S. 47.

lichen Interesse und des Nachbarrechtes ist eine derartige Bestimmung privatrechtlichen Charakters fremd.

Es bedarf also zur Bindung oder Beschränkung des Quellgrundstückseigentümers nach dieser Richtung einer seinem Grundstücke auferlegten Dienstbarkeit, die den privatrechtlichen Anspruch auf die Fortdauer des bisherigen Zustandes in sich schließt: Art. 19, V WG. Um in dieser Weise auf das Nachbargrundstück einzuwirken, wird erfordert, daß der Besitzer des dienenden Grundstückes in dem ausschließlichen Verfügungsrechte über das auf seinem Grundstücke entspringende Wasser insoweit beschränkt wird, als dies zur Ausübung notwendig ist. Er darf dem Servitutberechtigten gegenüber das Wasser nicht mehr abgraben.[1]) Das Recht muß auf dem Quellgrundstück lasten; Quellgrundstück ist der katastermäßig vermessene und durch eine Plannummer bezeichnete Ausschnitt der Erdoberfläche.[2]) Solche Rechte, die in der Form von Dienstbarkeiten wirksam in das Quellgrundstückseigentum eingreifen können, sind insbesonders Wasserbenützungsrechte zu Trink- und Gebrauchs-, landwirtschaftlichen, gewerblichen und industriellen Zwecken, endlich Fischereirechte.

Bei dem Verlassen des Ursprungsgrundstückes wird die Quelle Privatbach nach Art. 21 ff. WG. Soweit die nun folgenden Eigentümer und Berechtigten nicht auch dingliche Rechte gegenüber dem Eigentümer des Quellgrundstückes nachweisen können, dürfen sie Berücksichtigung ihrer Rechte und Interessen nur nach Maßgabe des Art. 19, III WG. (gegenüber dem Quelleigentümer) erwarten; denn diesem gegenüber ist ihr Recht, wenn es nicht servitutmäßig gesichert ist, eine res merae facultatis.[3]) Der Erwerb einer Dienstbarkeit durch Verjährung ist seit dem 1. Januar 1900 durch das BGB., speziell Art. 147 AG. z. BGB. und im modernen Wasserrecht durch Art. 16 WG. ausgeschlossen.

Besteht das Recht der Wasserentnahme aus einer schon auf dem Grundstücke vorhandenen Leitung, so liegt eine Reallast vor, da es sich dann nicht um ein Gewähren der Entnahme und um Duldung einer Leitung oder Einrichtung handelt, sondern um eine stetig wiederkehrende und regelmäßig fortdauernde Verpflichtung zur Zuteilung der zugesicherten Wassermenge an den betreffenden Berechtigten.[4])

Neben den Dienstbarkeiten, die nach modernem bürgerlichen Rechte im Grundbuche eingetragen werden müssen, sind, wie bereits erwähnt, noch solche aufrecht erhalten, die nicht eingetragen zu werden brauchen; nämlich dann, wenn und so lange mit ihnen das Halten einer dauernden Anlage verbunden ist: Art. 10 UeB. z. BGB. Diese Anlage muß vor allem auf dem fremden Grundstücke selbst sich befinden: Art. 37 WBG.; hierbei ist zu bemerken, daß der Grenzpunkt oder die Grenzlinie keine reale Existenz hat, sondern etwas Gedachtes ist, woran ein Eigentum

---

[1]) OGH. VII, 56.
[2]) 2. Lesung im Ausschuß der K. d. R. zu Art. 16; Protokoll S. 3.
[3]) OGH. VII, 47.
[4]) VGH. XXIV, 418. OGH. ZS. XV, 433.

oder ein Miteigentum nicht möglich ist.[1]) Die Anlage muß künstlich angelegt, objektiv erkennbar, beständig sein und dem Zwecke der Dienstbarkeit dienen; sie muß sich also darstellen als eine das volle Gebrauchsrecht des Eigentümers einschränkende Belästigung.

Diese dem alten Rechte entstammenden Dienstbarkeiten können auf zwei verschiedenen Entstehungstiteln beruhen: Vertrag und Verjährung. Letztere wurde jedoch durch Art. 147 AG. z. BGB. aufgehoben, so daß die Verjährung des Art. 37 WBG. in der Fassung von 1852 — zehn Jahre — schon vor dem 1. Januar 1900 vollendet sein mußte, wenn eine Dienstbarkeit entstanden sein sollte; außerdem ist nach neuem Rechte bei solchen Dienstbarkeiten entweder Eintragung im Grundbuch oder wenigstens das Bestehen einer Anlage auf dem dienenden Grundstücke erforderlich.

Der Umstand, daß nicht alle Dienstbarkeiten in das Grundbuch eingetragen sein müssen, gibt in der Praxis zu manchen Unklarheiten und Streitigkeiten Anlaß, so besonders bei den durch die Verjährung entstandenen, aber auch bei vertragsmäßig begründeten. Ein öfters vorkommender Fall ist der Streit um das Recht auf das „Ueberwasser". Darum handelt es sich nämlich, wenn der Eigentümer oder ein Berechtigter eine Quelle zwar benützt, aber nicht vollständig, und das nicht benützte „Ueberwasser" einem Dritten zum Gebrauche überläßt. Eine vollkommene rechtliche Bindung ist ja nur bei Angabe eines bestimmten Wasserquantums gegeben, bezüglich dessen sich der Eigentümer beschränken will. Im übrigen ist an der Servitut auf Grund Vertrages wesentlich das Verfügungsrecht auf Grund und kraft des Willens des Eigentümers; im Zweifel ist also immer zugunsten des Eigentümers, der sich selbst beschränkte, zu interpretieren. Manchmal, und das sind die streitigen Fälle, liegt aber die Sache anders. Wenn keine strikte Bindung über eine bestimmte Quantität Wassers erfolgt ist, der Vertrag auch keine für den einen oder den anderen Streitsteil günstige oder passende Bestimmung enthält, so ist der allgemeine Wille aus dem Vertrage zu erforschen; geht aus dem Vertrage nicht deutlich hervor, daß von dem Quelleneigentümer ein besonderes Vorzugsrecht eingeräumt oder ein bestimmter Zweck erreicht oder garantiert werden wollte, so ist anzunehmen, daß die Gestattung der Benützung des „Ueberwassers" als eine res merae facultatis, eine jederzeit widerrufliche Erlaubnis zu erachten ist, die beliebig eingeschränkt oder wieder aufgehoben werden kann. Dies besagt auch schon die rein natürliche Auslegung des Wortes „Ueberwasser"; abgegeben wird eben dasjenige Wasser, das jeweils übrig ist. Die Festsetzung ist damit in das freie Ermessen des Eigentümers gestellt. Die ausdrücklich mit einem solchen Vorbehalt gestattete Wasserbenützung kann auch nicht verjährend zugunsten des Dritten wirken.

Anders dagegen bei der Verjährung. Hier hat nicht auf Grund einer Gestattung, sondern ohne ein Recht zu haben, der Dritte in das Eigentum des Quellwasserbesitzers eingegriffen. Das Maß des Rechtes ist mit dem Rechte selbst nicht mehr von dem Willen des

[1]) OGH. V, 118.

Eigentümers abhängig, wenn die Verjährung vollendet ist. Durch fremden Zugriff ist das Recht entstanden; für die Beurteilung des Maßes des Erworbenen muß deshalb auch das Maß des tatsächlich Erworbenen zugrunde gelegt werden; hier hat also die Beurteilung von der Gegenseite aus zu erfolgen. Es wird dasjenige Quantum als erworben zu gelten haben, das der Unterlieger ständig und unbeanstandet während der 10 Jahre mittels der auf dem Grundstück des Quelleneigentümers errichteten künstlichen Anlage für seine Zwecke bezogen hat. Insoweit wird der Eigentümer und jeder Dritte von dem Zugriff ausgeschlossen.

Im ersten Augenblicke scheint diese Lösung gegen den Eigentümer eine gewisse Härte zu enthalten, der dadurch in seiner wirtschaftlichen Entwickelung lahm gelegt werden kann; doch bleibt zu bedenken, daß es dem Unterlieger nicht immer leicht wird, die Verjährung in der geforderten Art auch zu beweisen.

Von allgemeiner Bedeutung ist noch die Ablösungsfrage in den Fällen, in denen der Quelleigentümer seine Quelle ganz oder zum Teile mit einer Dienstbarkeit oder einem anderen Rechte belastet hat und nun diese Rechte in Geld abgelöst werden sollen. Meiner Meinung nach kann der Eigentümer für ein Recht oder einen Ausschnitt aus seinem Eigentum, soweit er sich dessen entäußert hat, nichts mehr verlangen; denn abgesehen davon, daß er schon einmal dafür entschädigt worden ist, steht ihm jetzt auch gar keine Verfügung mehr zu; er kann aber wohl Forderungen erheben aus dem Gesichtspunkte der bisherigen Mitbenützung, ferner der Duldung einer neuen Anlage auf seinem Grundstücke oder der Belastung mit besonderem, schon oben hervorgehobenen Servituten.

Zur Uebertragung der Belastung eines eingetragenen Grundstückes mit einem Rechte ist die Einigung des Berechtigten und des anderen Teiles über den Eintritt der Rechtsänderung und die Eintragung der Rechtsänderung in das Grundbuch erforderlich: § 873 BGB. Vor der Eintragung sind die Beteiligten an die Einigung nur gebunden (§ 873, II BGB.), wenn die Erklärungen gerichtlich oder notariell beurkundet sind, sowie, wenn sie vor dem Grundbuchamt abgegeben oder bei diesem eingereicht worden sind. Das Gleiche gilt, wenn der Berechtigte dem anderen Teile eine den Vorschriften der GrO. entsprechende Eintragungsbewilligung ausgehändigt hat.

Eingetragene Dienstbarkeiten können gemäß Art. II ZwEG. allerdings nur mit dem Grundeigentum entwehrt werden; sie sind als nutzbare Rechte zu beurteilen, die passiv auf dem Entwehrungsgegenstande ruhen und deren Ausübung mit der neuen Bestimmung des Gegenstandes nicht mehr vereinbarlich ist.

Nicht eingetragene Berechtigte werden bei der Entschädigungsfrage nur berücksichtigt, wenn sie Erben eines eingetragenen Berechtigten sind oder wenn ihre Rechte angemeldet und auf Verlangen der Distriktsverwaltungsbehörde glaubhaft gemacht sind: Art. XV, III l. c.

Wasserbezugsrechte bestehen vor allem zum Zwecke der Trink- und Nutzwasserversorgung für Haus und Oekonomie. Hierbei ist in erster Linie eine Vereinbarung zu erzielen, um den meist überreichen Wasserbezug auf das Maß eines normalen Bedürfnisses einzuschränken; nur wenn die bisher Berechtigten Forderungen stellen, die der versorgenden Gemeinde als unerfüllbar erscheinen, eicht man ihnen das bisher bezogene Wasser im Quellschacht durch einen eigenen Eichhahn zu. Durchschnittlich werden jedoch die Berechtigten an die neue Leitung angeschlossen und durch Verbesserung der bisherigen Leitung oder Ersatz ihrer hölzernen Rohre durch eiserne, sowie andere technische Maßnahmen schadlos gehalten. Zu einem völligen Entzug des Wassers darf man jedoch nie schreiten, da das Existenzminimum schon aus allgemeinen Gründen gewahrt bleiben muß; auch das Zwangsenteignungsrecht ist von diesem Grundsatze beherrscht.

Bezüglich der Meliorationen und der übrigen Wasserbenützungsanlagen zu industriellen und gewerblichen Zwecken herrscht, wie im Verfahren nach Art. 19, III WG., ebenfalls der Grundsatz, womöglich durch technische Vorkehrungen diese Existenzen zu erhalten und dadurch Geldentschädigungen möglichst zu vermeiden.

Bei Ablösung landwirtschaftlicher Wässerungsrechte werden häufig die Grundstücke durch drei Schätzer, von denen je einer von jeder Partei und der dritte von beiden Parteien gewählt wird, in einem schiedsgerichtlichen Verfahren, dem sich zu unterwerfen die Beteiligten vorher protokollarisch erklärt haben, abgeschätzt und der Ertragswert mit 25 kapitalisiert. Die Unmöglichkeit oder Minderung einer Melioration kann besonders in kalkhaltigen Gegenden, wie im bayerischen Walde, zu bedeutenden Entschädigungen führen.

Realgewerbeberechtigungen.

Bei der Berücksichtigung der Wasserbenützungsberechtigung kommt noch eine besonders privilegierte Klasse in Betracht, die Besitzer von Mühlgerechtigkeiten. Hierbei ist zu prüfen, ob und inwieweit solchen Gerechtigkeiten privatrechtliche Ansprüche im Sinne des Art. 19, V WG. innewohnen.

Gemäß Art. 74 EG. z. BGB. und Art. 1 AG. z. BGB. sind die landesgesetzlichen Vorschriften über die Realgewerbeberechtigungen aufrecht erhalten.

Berechtigungen, welche an ein Anwesen geknüpft sind, heißen radizierte, im Gegensatze zu den einer bestimmten Person oder einer Familie erblich verliehenen.

Der rechtliche Inhalt solcher Gerechtigkeiten ist eine rein gewerbepolizeiliche Erlaubnis. Diese Institution ist vom modernen Rechte der Gewerbefreiheit längst überholt. Solche Privilegien sind aber, soweit sie bis zum Gewerbegesetze von 1825 geschaffen wurden, noch als besondere „Rechte" aufrechterhalten.

Der Ursprung dieser Rechte aus der Gewerbepolizei der früheren Jahrhunderte — wenn das Recht auch mit der Zeit einen gewissen privatrechtlichen Charakter erhielt —, zeigt aber doch deutlich darauf hin, daß es sich nur um Begünstigung des Gewerbetriebes als solchen, nicht aber auch um eine Garantie für dessen Realexistenz, die privatrechtlichen Besitzfragen, handeln konnte. Eine andere Ansicht würde nicht nur mit der gesamten Literatur in Widerspruch treten, sie könnte auch keine rechtfertigende Gesetzesstelle anführen.

Dieser rein gewerbepolizeiliche Inhalt wird also mit den Rechten, seien sie grundstücksgleich oder nicht, geschützt. Die privatrechtlichen Besitzfragen aber, insbesonders das Recht auf Wasserbezug und sein Umfang, unterliegen als etwas dem Inhalt dieser Rechte Fremdes einer eigenen, getrennten Würdigung nach den allgemeinen Grundsätzen, wie sie bereits oben ihre Betrachtung gefunden haben. Das Vorliegen einer Realgewerbegerechtigkeit bietet also an und für sich noch gar kein Recht auf Wasserbezug. Dieser ist vielmehr nach den allgemeinen Regeln des Wasserrechtes zu beurteilen.

Aus rein praktischen Erwägungen dürfte anzuführen sein, daß die Konstatierung der Eigenschaft eines Rechtes auf einen bestimmten Gewerbebetrieb als realer Gewerbeberechtigung den Amtsgerichten als Gerichten der freiwilligen Gerichtsbarkeit obliegt gemäß Art. 74 EG. z. BGB., Art. 1 AG. z. BGB., § 10 Ziff. 3 des Ges. vom 11. September 1825, Minist.-Enschl. vom 30. Oktober 1835, den Vollzug dieses Gesetzes betr.[1]) Art. 13 AG. z. GVG. Gegen den den Antrag ablehnenden Beschluß findet die Beschwerde nur für den Antragsteller statt; dagegen ist die Beschwerde nicht zuläßig gegen den Beschluß, der die reale Eigenschaft des Gewerbes festsetzt. Ein etwaiger Streit hierüber ist im Zivilrechtswege auszutragen: Art. 129 AG. z. BGB., Minist.-Entschl. vom 31. August 1854.

Fischerei.

Der rechtliche Charakter der Fischerei steht außer Zweifel. Maßgebend für die Beurteilung sind die nach Art. 69 EG. z. BGB. und Art. 1 AG. z. BGB. aufrecht erhaltenen landesgesetzlichen Vorschriften. Art. 207 WG. läßt die bei dem Inkrafttreten des Gesetzes bestehenden, auf Privatrechtstiteln beruhenden Eigentums-, Nutzungs- und sonstige Rechte an den Gewässern, wozu auch die Fischereirechte gehören, unberührt. Außerdem stellt das im Entstehen begriffene Fischereigesetz unzweifelhaft die rechtliche Natur der Fischerei fest, indem es die Fischerei, abgesehen von dem Pachtverhältnis, als Grundstücksinhalt und selbständiges Recht anerkennt.

Hervorzuheben ist noch, daß als Inhalt des Fischereirechtes jetzt endlich auch die Hege- und Züchtungsbefugnis gesetzlich festgelegt werden soll.

Wenn bisher die Fischereirechte nach der rechtlichen und wirtschaft-Seite manchmal stark verkürzt wurden, so hatte dies wohl seinen Grund in dem fast vollständigen Mangel von Ausgleichsbestimmungen gegenüber anderen Interessen. Es erscheint somit die neue Wassergesetzgebung, obwohl sie theoretisch die bisher fast unangetasteten Rechte der Fischerei beschränkt, als eine Wohltat, weil sie durch die Ausdehnung der

---

[1]) Weber, Sammlung III, 42.

Wasserverwaltung auf die Fischerei die gerechte und ausgleichende Behandlung dieser Interessen gewährleistet.

Zur rechtlichen Behandlung der Fischerei im neuen Wasserrecht ist zu bemerken, daß vor allem eine weitgehende Pflicht zum Hören der beteiligten Fischereiberechtigten zwecks genügender Berücksichtigung in den Artikeln 109, 36, 37, 39, 42 WG. vorgesehen ist. Bei der hier zu behandelnden Frage kann die Fischerei nur in Betracht kommen, wenn sie bis an die Quellgrundstücke reicht, nämlich als privatrechtlicher Anspruch nach Art. 19, V WG. Das Fischereirecht muß alsdann unter Feststellung des Ertragswertes, des Fischreichtums und der Fischgattung abgelöst werden; eine auch nur teilweise Erhaltung des Rechtes wird sich wohl nur in wenigen Fällen ermöglichen lassen. Andere Fischereirechte, die nicht auf dem Quellgrundstückseigentum selbst lasten, aber durch die Ableitung beeinträchtigt werden, müssen nach den Grundsätzen des Art. 19, III WG. Berücksichtigung finden.

c) Erwerbung von Wasserkräften.

Wenn irgend tunlich, wird das gewonnene Quellwasser vermittels des natürlichen Gefälles seinem Verbrauchsorte zugeführt. Es kommt aber öfters vor, daß erschlossene Wasser, um den Bestimmungsort zu erreichen, gehoben werden müssen; hierzu dienen Pumpwerke, die durch besondere Kraftquellen in Bewegung gesetzt werden, und zwar durch künstliche, wie Wärme- und Elektromotore, oder natürliche. Zu den letzteren gehört die Wasserkraft; sie wird, besonders bei genügender Stärke, aus Sparsamkeitsrücksichten mit Vorliebe zur Unterhaltung der künstlichen Förderung des Trink- und Nutzwassers verwendet.

Es ergibt sich nun die Frage, was eine Wasserkraft ist. Wasserkraft ist die durch das Gefälle — Höhendifferenz zwischen zwei Punkten eines Wasserlaufes — und die Wassermenge hervorgerufene treibende Gewalt des Wassers, also mathematisch ausgedrückt: das Produkt aus Wassermenge und Gefälle. Der Ausdruck „gespannte Wasserkraft" entstammt der technischen Sprache und bedeutet die künstliche Steigerung des Gefälles durch die Einstellung einer Stauvorrichtung vor dem Rade oder der Turbine, wodurch das oberhalb befindliche Wasser, das Oberwasser, aufgestaut wird; manchmal wird hiermit noch eine künstliche Tieferlegung des Unterwasserkanales verbunden.

Zur Hebung von Wasser erfolgt wegen der großen damit verbundenen Arbeitsleistung die Wasserkraftübertragung auf Hebewerke regelmäßig durch sogenannte Triebwerke mit gespannter Wasserkraft. Diese Triebwerke liegen entweder an Bächen, oder, bei Flüssen, an eigenen Triebwerkskanälen, die das Wasser von den Flüssen ableiten, und nach Gebrauch denselben wieder zuführen; ein solcher Werkkanal verliert aber die Kanaleigenschaft, wenn derselbe bei Mittelwasserstand fast die gesamte Wassermenge eines Flusses aufnimmt.[1])

Die Wucht des Gefälles wird auf das Triebwerk konzentriert, d. h. das Wasser oberhalb des Triebwerkes wird möglichst hoch auf-

[1]) VGH. XIX, 283.

gestaut, die Sohle des unterhalb abfließenden Wassers möglichst tief gelegt. Kleinere Triebwerksanlagen begnügen sich mit Zuleitung des Betriebswassers in Rinnen oder Röhren.

Zur Errichtung eines Triebwerkes bedarf es der Tätigkeit der Wasserverwaltungsbehörde und der Genehmigung durch die letztere. Dieses Verfahren soll aber erst in einem späteren Abschnitte berührt werden. Hier handelt es sich zunächst um die privatrechtliche Frage der Erwerbung von Wasserkräften, wenn nicht ein schon bestehendes Triebwerk abgelöst werden kann. Es ist deshalb vor allem nötig, festzustellen, wie die Wasserkraft rechtlich zu beurteilen ist. Sie ist, wie aus obiger Definition ersichtlich, eine, vielleicht die wichtigste Lebensäußerung des zum Grundstückseigentume gehörenden Wassers.[1]) Aus der Bestandteilseigenschaft des Wassers folgt auch die rechtliche Unselbstständigkeit der Wasserkraft. Es besteht deshalb auch hier die schon bekannte Alternative: entweder wird das Eigentum an den Grundstücken erworben, soweit die Wasserkraft in erkennbarer Weise ausgenützt wird, was wiederum auf dem Wege der Vereinbarung oder des Zwanges erfolgen kann. Letzterenfalls greift Art. II ZwEG. Platz. Neben dem gemeinen Werte der abzutretenden Wasserkraft, welcher mit der im 25fachen Betrage kapitalisierten Rente angesetzt wird, sind alle aus der Enteignung derselben entstehenden Wertsminderungen des Anwesens, zu welchem jene Kraft gehört, zu berücksichtigen. Ruht eine ausgenützte Wasserkraft auf einem dem Enteignungsberechtigten selbst gehörenden Grundstücke, wird sie aber von dem sekundär Berechtigten, der sie nützt, nicht abgetreten, so ist sie unter den Voraussetzungen enteigenbar, unter welchen sie es wäre, wenn der Unternehmer das Grundstück selbst erwerben müßte.[2])

Oder man erreicht den Zweck durch Bestellung einer Dienstbarkeit gegenüber den in Frage kommenden Eigentümern, weder die Benützung der Wasserkräfte zu gestatten, sowie etwaige Einflüsse auf die Grundstücke, sei es durch Aufstau oder durch Wasserentzug, zu dulden, noch hindernde Anlagen zu errichten. Allerdings sind die Dienstbarkeiten auf die ganze benützte Bachlänge und auf beiden Ufern zu erwerben. Bei Flüssen im Eigentume Dritter ist die Dienstbarkeit auf das eingetragene Wassereigentum zu legen, wozu aber auch das Fluß- oder Bachbett gehört. Daß letztere Annahme richtig ist, dafür spricht auch Reuß, Komm. z. WBG.[3]) Auch die Dienstbarkeit kann freiwillig oder zwangsweise bestellt werden.

Die Führung von Werkkanälen wird in gleicher Weise gegenüber den beteiligten Eigentümern sichergestellt.

Bei Triebwerken ohne gespannte Wasserkraft, also bei dem Einhängen eines Rades ohne Aufstau, bedarf es nur der Vereinbarung mit dem betreffenden Grundstücks-, eventuell Wassereigentümer.

Die Berücksichtigung der Fischereiberechtigten erfolgt durch Anlegung von Fischleitern und Fischgassen, um das Aufsteigen der Fische zu er-

[1]) Bl. f. a. Pr. XVI, 209.
[2]) Henle, Komm. z. ZwEG. zu Art. II S. 67.
[3]) 2. Aufl. zu Art. 40 pag. 91.

möglichen. Zur Vermeidung des Eintrittes von Fischen zu den Turbinen- oder Radräumen der Triebwerke, wo sie vernichtet würden, dienen Fischgitter. Ein ausnahmsweise trotzdem nicht zu verhindernder Schaden wird in Geld ersetzt.

Der Staat pflegt bei öffentlichen Gewässern lediglich in widerruflicher Weise und gegen Gebühr: (Art. 73 WG.) die Anlage von Triebwerken zu gestatten: Art. 41, 45, 50, I WG.

d) Rohrleitungsdienstbarkeiten.

Insoweit der Grund und Boden, in den die Wasserleitungsrohre gelegt werden, nicht der versorgenden Gemeinde gehört, müssen Dienstbarkeiten für Einlegung der Rohre entweder freiwillig oder zwangsweise bestellt werden. Es empfiehlt sich, die Bedingungen, die von seiten der versorgenden Gemeinde gestellt werden, zwecks Vermeidung von Streitigkeiten und Prozessen möglichst weit zu fassen. Vor allem ist durch die Aufzählung von einzelnen Beispielen der Anschein zu vermeiden, als ob hiermit alle Möglichkeiten erschöpft wären. Die am häufigsten wiederkehrenden Bedingungen sind folgende:

1. Die Einlegung der Rohre und Armaturen und alle hiermit verbundenen Bau- und Grabarbeiten, sowie Sprengungen ꝛc., dann auch die Inanspruchnahme des Grundstückes während des Baues auf eine Weite bis zu 6 m zu gestatten,

2. die Rohrleitung, sowie alle Armaturen, wenn auch dieselben mit zutage sichtbaren Deckeln oder sonstigen Einbauten versehen sind, auf ewige Zeiten zu belassen. (Ist aber der Deckel oder Einbau größer als 1 qm, so tritt in der Regel Ablösung der betreffenden Parzelle ein),

3. über der Rohrleitung kein Gebäude zu errichten und in der Nähe der Rohrleitungen keine Aufgrabungen, durch welche der Bestand der Rohrleitung gefährdet wird, vorzunehmen, auch Düngung in der Nähe der Rohre zu unterlassen,

4. das Recht der beliebigen Begehung der Rohrleitungstrasse durch die Aufsichtsorgane und beamteten Personen für immer einzuräumen,

5. das Recht zuzugestehen, daß zu jeder Zeit, und, sofern Gefahr im Verzuge, ohne vorherige Verständigung des Grundbesitzers der Rohrgraben geöffnet werden darf, sei es, daß es sich um eine Reparatur der bestehenden Leitung, um Tieferlegung, um Neuregelung, um Auswechslung der Rohrleitung oder auch um Legung eines weiteren Rohrstranges handelt.

Bei Ziff. 1, 4 und 5 tritt Entschädigung für nachgewiesenen entgangenen Gewinn ein, deren Höhe durch vereidete Schätzleute und Sachverständige festgesetzt wird. Außerdem wird manchmal noch eine einmalige Entschädigung für den laufenden Meter, der mit der Dienstbarkeit belegt ist, bezahlt. Der Preis schwankt zwischen 5 Pfg. und 40 Mk.; letzteren Preis hat die Stadtgemeinde München an manchen Orten bezahlt. Die Normaltaxe bewegt sich zwischen 20 Pfg. und 1 Mk. pro Meter.

Die Entschädigungen rechtfertigen sich nicht nur aus der Duldung der fremden Anlage, sondern auch aus den mannigfachen Beschränkungen und Schäden, die infolge derselben entstehen. Ein einschneidendes Verbot ist das Düngverbot bei landwirtschaftlichen Grundstücken in der Nähe von Wasserleitungen; aus rein hygienischen Gründen muß dasselbe unbedingt gefordert werden; andererseits wird durch das Unterlassen der Düngung eine intensive Bewirtschaftung eines Grundstückes manchmal unmöglich, besonders bei ärmeren Böden. So kam es auch, daß in der Praxis oft, manchmal auch wirtschaftlich ungerechtfertigt, die Ablösung des ganzen Grundstückes verlangt wurde. Diesen zum Teil übertriebenen Forderungen hat Art. 155 WG., der den Art. I ZwEG. ersetzt, eine Schranke errichtet. Anstelle der freien Wahl des Eigentümers, ob er die Zwangsenteignung oder die Zwangsbeschwerung sich gefallen lassen will, setzt Art. 155 WG. die Bestimmung, daß nur noch dann Ablösung gefordert werden darf, wenn das Grundstück nicht mehr zweckmäßig bewirtschaftet werden kann.

Müssen die Rohre in öffentliches Eigentum gelegt werden, so sind an die zuständigen Behörden Eingaben zu richten. Meist stellen diese noch besondere durch die Oeffentlichkeit des Eigentums gebotene Bedingungen. Die wesentlichsten sind folgende:

1. Vorlegung genauer Pläne und genaue Ausführung nach denselben.

2. Gestattung der Rohrlegung auf Ruf und Widerruf; zur Anerkennung Zahlung einer geringen Rekognitionsgebühr mit dem Vorbehalt ihrer Erhöhung.

3. Wiederherstellung des früheren Zustandes nach Aufreißen des Bodens und Bestreitung sämtlicher hierauf bezüglichen Kosten.

4. Vorherige Mitteilung bei etwaigen Reparaturen und dergleichen an die betreffende Stelle.

5. Bei Widerruf kein Entschädigungsrecht, vielmehr die Pflicht, auf eigene Kosten den früheren Stand wieder herzustellen.

6. Manchmal auch Verneinung einer Entschädigungspflicht für die an der Wasserleitung durch den Dienstbetrieb der betreffenden Behörde entstehenden Schäden, soweit solche Arbeiten auch sonst vorgenommen wurden und eine ganz besondere Sorgfalt für die Wasserleitung erfordern würden.

7. Ausdrückliche Auferlegung der Entschädigungspflicht des Bauunternehmers für allen entstehenden Schaden, für Betriebsunfälle und Unglücksfälle.

8. Technische Anordnungen, Rohrweite, Lage unter Frosttiefe, Anlage von Luftschächten; ferner Vorbehalt weiterer Anordnungen und die Bedingung, daß sie unverzüglich befolgt werden.

Außerdem werden öfters noch besondere Vereinbarungen und Vergünstigungen gefordert und gewährt.

Von allgemeinerer Bedeutung sind ferner noch besondere, von den Straßen- und Flußbauämtern bei Einlegung der Rohre in die Staatsstraßen auferlegten Bedingungen:

1. Meist erhalten nur Gemeinden oder öffentliche Körperschaften die Befugnis, in den Straßen*körper* die Rohre einlegen zu dürfen,

wobei sie sich an eine Längshälfte halten müssen; private Leitungen werden in den Straßengraben gelegt.

2. Die Wiederherstellung des Straßenkörpers macht besondere Bedingungen erforderlich, wie Stampfen oder Walzen, Bereitstellen von Material zum Einfüllen nachträglich eintretender Senkungen.

3. Ist ein Telegraphenkabel in die Straße gelegt, so muß auch das Oberpostamt gehört werden.

6. Fragen der Wasserverwaltung.

Zur Hebung von Trink- und Nutzwasser werden durchschnittlich größere Kräfte erfordert, so daß Triebwerke ohne gespannte Wasserkraft wohl nicht vorkommen, vielmehr ausnahmslos Triebwerke mit gespannter Wasserkraft gebaut werden. Ist die Errichtung eines solchen, sei es an einem öffentlichen Gewässer, oder an einem Privatfluß, Privatbach oder geschlossenem Wasser geplant, so ist nach Art. 50 und 57 WG. zwecks vorgängiger Genehmigung der Verwaltungsbehörde ein Gesuch mit genauen Plänen einzureichen; wegen der Prüfung des Gemeinwohles nach Art. 43 WG. und der zusammenhängenden Fragen dürfte sich dieses Gesuch zweckmäßig dem Gesuche nach Art. 19 WG. anschließen. Die Pläne müssen einen Detailplan des Werkes, sowie einen Uebersichtsplan über das ganze Staugebiet enthalten zur Prüfung der Ausführbarkeit des Unternehmens, seiner allgemeinen Zweckmäßigkeit, insbesonders des richtigen Verhältnisses zwischen Wasserkraft und Wasserwerk und damit zusammenhängend der Wasserführung und des Maßes der Wässerbenützung; anzugeben ist ferner die gewünschte Stauhöhe, sowie das beabsichtigte Maß von Gefällsausnützung.

Auf Grund des Gesuches und der Pläne hat die Verwaltungsbehörde, auch über das Vorbringen der Beteiligten hinaus, die Sachlage zu erforschen, soweit sie es für erforderlich erachtet: Art. 168, I WG. Da es sich bei Triebwerksanlagen in der Regel um eine große, manchmal sogar unbekannte Anzahl von Beteiligten handelt, auch die verschiedensten Interessen und Einsprüche in Erwägung gezogen werden müssen, wird es sich durchweg empfehlen, wenn die Verwaltungsbehörde die durch die Pläne, Katasterauszüge, Einsprachen usw. ermittelten Beteiligten schriftlich, etwa sonst Beteiligte ganz allgemein durch Ausschreiben im Amtsblatt zur Verhandlung lädt mit dem Beifügen, daß Einwendungen gegen das Unternehmen bei Vermeidung des Verlustes des Einspruchsrechtes in der Verhandlungstagfahrt geltend zu machen sind: Art. 168, V WG. Dieses Verfahren kann unter Umständen zweckmäßig mit dem des Art. 19 WG. verbunden werden. Die Augenscheinseinnahme wird sich wohl durchweg empfehlen: Art. 168, III l. c. Die Beteiligten sind zu hören, soweit diese nicht selbst darauf verzichten oder unüberwindliche Schwierigkeiten dem entgegenstehen: Art. 168, II, 1 l. c.; sie können sich hierbei durch Bevollmächtigte vertreten oder durch Rechtsanwälte und sachkundige Personen (Techniker) verbeistanden lassen. Es können aber auch mehrere in gleichem Interesse Beteiligte einen gemeinsamen Bevollmächtigten aufstellen oder es kann ihnen ein solcher von Amts wegen aufgestellt werden: Art. 168, II WG.

Die von den Beteiligten vorgebrachten Einwendungen werden sich in der Hauptsache auf reine Privatrechtsverhältnisse oder auf technische Erwägungen, denen allerdings zum Erfolge wieder ein öffentliches oder privates Recht zur Seite stehen muß, stützen.

Gegenstand ersterer Einsprüche sind also Fragen, ob und wem ein Recht zusteht. Hierher gehört der Streit über rein rechtliche Verhältnisse, wie über das Eigentum an dem Baugrundstück selbst, der Streit über das in Anspruch zu nehmende Wasser, ferner über das Bestehen entgegenstehender Privatrechte auf die Benützung des in Frage kommenden Wassers. Es kann aber auch eine öffentlichrechtliche Wasserbenützungsbefugnis zum Gegenstand einer Einwendung gemacht werden. Unabhängig davon ist die Frage, ob durch die Benützung dem Einspruch Erhebenden wirklich ein Schaden zugeht. Man wird ja wohl annehmen dürfen, daß solche Fragen meist schon vor dem Verfahren vor der Verwaltungsbehörde von den Beteiligten behandelt und im Wege des Uebereinkommens erledigt wurden. Tauchen aber privatrechtliche Streitpunkte erst im administrativen Verfahren auf, so hat die Verwaltungsbehörde nach freiem Ermessen unter Vorbehalt der gesonderten Austragung des Einspruches den Bescheid zu erteilen — und das wird in der Regel der Fall sein, wenn der Besitzstand, ferner öffentliche Urkunden oder glaubhafte private Urkunden zugunsten der unternehmenden Gemeinde sprechen —, oder die Behörde kann das Verfahren bis zur Erledigung des Einspruches aussetzen: Art. 170 l. c., denn die Entscheidung über das Bestehen oder Nichtbestehen eines Privatrechtes steht den Zivilgerichten zu. Eine Abweisung des Gesuches aber mit der Begründung, die privatrechtlichen Verhältnisse seien nicht ausreichend geklärt, wird nicht möglich sein. Dies würde auch nur eine überflüssige Belästigung der Beteiligten und der Behörde selbst bedeuten, da nach erfolgreicher Durchführung des Rechtsstreites das Instruktionsverfahren nochmals begonnen und durchgeführt werden müßte.

Bei den Einsprachen der zweiten Kategorie fragt es sich in erster Linie, ob durch das Unternehmen ein Schaden oder eine Gefährdung eintritt; das Recht auf Entschädigung wird im Bejahungsfalle meist nicht bestritten. Die Lösung dieser rein technischen Fragen bringt manchmal Schwierigkeiten mit sich. Einfacher ist noch die Entschädigungsfrage wegen der Verminderung des Gefälles im Ober- und Unterwasser, ein Umstand, der die Grundstücksbesitzer und Flußeigentümer allein schon wegen der dadurch herbeigeführten Einwirkung auf ihr Eigentum an dem Grundstück und Wasser zur Teilnahme berechtigt. Schwieriger gestaltet sich schon die Prüfung des Einwandes, wieweit durch den Aufstau das Grundwasser der umliegenden und nicht angrenzenden Grundstücke einen höheren Stand erhalte und wieweit eine Versumpfung, sonstige Schädigung oder Gefährdung der Grundstücke damit verbunden ist; dieselbe Frage ergibt sich beim Unterlieger infolge der Senkung des Unterwasserspiegels. Außerdem kann durch Triebwerksanlagen eine besondere in der Nähe befindliche bauliche Anlage oder ein Triebwerk geschädigt, die Fischerei, der Gemeingebrauch nach Art. 26 WG., das Befahren des Wassers, die Ausübung der Trift erschwert oder verhindert werden. Die Anlegung besonderer Werkkanäle und Wasserleitungen kann den Flußeigentümern Grund zu Einwendungen geben.

Zur Erhärtung der Einwendungen können von den Beteiligten Zeugenaussagen und Sachverständigengutachten in Vorschlag gebracht werden; doch kann die Verwaltungsbehörde diese Beweismittel entweder ablehnen oder bei Verdacht von Voreingenommenheit oder Interessenbeteiligung die Beeidigung unterlassen, soweit sie es für zweckmäßig erachtet: Art. 168, IV WG.

Nach Erledigung des Einspruch- und Beweisverfahrens wird dem Antragsteller und den Beteiligten, die Einspruch erhoben haben, der schriftliche Bescheid von der Verwaltungsbehörde erteilt. Insoweit nicht nach Antrag des Gesuchstellers oder eines der Beteiligten entschieden wurde, ist eine Begründung beizufügen: Art. 169 I l. c. Gegebenenfalls ist in dem Bescheide gesonderter Ausspruch über folgende Punkte zu treffen:

1. Inwieweit mit Rücksicht auf § 18 GewO. Anordnungen zum Schutze der Arbeiter des Triebwerkes gegen die Gefahren für die Gesundheit erforderlich sind oder inwieweit nach § 19 GewO. mit Rücksicht auf privatrechtliche Einwendungen, Einwendungen aus dem Nachbarrechte (starke Geräusche, Wasserzufluß, Wasserentzug) oder Einwendungen öffentlichrechtlicher Natur die Genehmigung zu versagen oder an Bedingungen zu knüpfen war: Art. 51, 57 WG.

2. Bei Anlagen an öffentlichen Gewässern und an den im Staatseigentume befindlichen Privatflüssen und Bächen ist zu bemerken, ob die Genehmigung auf bestimmte Zeit oder widerruflich erteilt wurde, mit welchem Maße und welcher Art der Benützung, insbesonders welche Bedingungen im Interesse der Land- und Forstwirtschaft, der Landeskultur und der Fischerei, sowie der Industrie und des Gewerbes aufzuerlegen waren; wenn ferner beim Zusammentreffen mehrerer Unternehmungen vom Standpunkte des Gemeinwohles die Wahl zu treffen war, welche Gründe in diesem Punkte die Entscheidung beeinflußten.

3. Bei Anlagen an den nicht im Staatseigentume stehenden Privatflüssen und Bächen insbesondere, ob aus Gründen des Gemeinwohles oder aus anderen Gründen die Genehmigung zu versagen oder nur unter Bedingungen zu erteilen war: Art. 51, II WG., also mit Rücksicht auf die Rechte der übrigen Ufereigentümer und sonstigen Wässerungsberechtigten: Art. 44 WG.; vor allem, ob mit Rücksicht auf eine infolge des Unternehmens zu erwartende unzulässige schädliche Stauung, Ueberschwemmung, Versumpfung, Austrocknung oder sonstige Beschädigung fremder Grundstücke und Anlagen dem Gesuche nicht oder nicht in vollem Umfange stattgegeben werden konnte: Art. 45, I Ziff. 1 WG.; ferner, ob nicht eine Anderen nachteilige nutzlose Verschwendung oder eine willkürliche oder ungleichmäßige Wasserausnützung vermieden werden mußte; hiervon kann übrigens bei erheblichem überwiegenden Nutzen gegen Leistung einer Entschädigung abgesehen werden: Art. 45, II Ziff. 1 WG. Die Genehmigung kann weiter-

hin solchen Anlagen versagt oder nur bedingungsweise verliehen werden, wenn dem Wasser, soweit es durch die Benützung nicht verbraucht ist, der Abfluß in das Flußbett nicht gegeben wird, bevor dieser die Ufer eines fremden Grundstückes berührt: Art. 45, I Ziff. 2 WG., wovon Umgang genommen werden kann, wenn durch die Ableitung des Wassers anderen Beteiligten kein Nachteil zugeht: Art. 45, II Ziff. 2 WG. Versagung der Genehmigung oder Auferlegung von Bedingungen kann sich rechtfertigen bei Flüssen im Eigentume Dritter, außerdem dann, wenn dem Wasser eine andere Richtung gegeben wird, als wohin der bisherige Lauf ging; dieser Ausnahmefall liegt aber dann nicht vor, wenn der Eigentümer eines Privatflusses oder Baches zugleich Eigentümer eines Ufergrundstückes ist oder wenn er die Benützung des Wassers dem Ufereigentümer überläßt: Art. 47, I Ziff. 2 WG. Doch finden auch bei den im Eigentum Dritter stehenden Privatflüssen die oben erwähnten Ausnahmen des Art. 45, II WG. Platz: Art. 47, II l. c.

4. Aufzunehmen sind ferner Abfindungen und Gegenleistungen als Bedingungen und Nebenbestimmungen.

5. Hierher gehört auch die auf Kosten des Unternehmers zu erfolgende Aufstellung des Höhenmaßes gemäß Art. 53 WG.

6. Die gemäß Art. 73 WG. für die Gewährung besonderer Nutzungen an öffentlichen Gewässern und den im Eigentum des Staates stehenden Privatflüssen und Bächen zu erhebenden Gebühren.

7. Entscheidung über die Kosten und Gebühren. Bezüglich der Kosten ist zu bemerken, daß die durch unbegründete Einwendungen veranlaßten besonderen Kosten den betreffenden Einspruch einlegenden Beteiligten auferlegt werden können, während im Regelfalle die Kosten des Verfahrens der Antragsteller zu tragen hat: Art. 169, II WG.

8. Bau- und feuerpolizeiliche Genehmigung von Gebäuden.

9. Inhalt des Bescheides kann auch das Resultat eines in Verbindung mit dem Instruktionsverfahren nach Art. 50 ff. l. c. anhängig gemachten Ausgleichs- oder Zwangsverfahrens sein. So kann nach Art. 70 und 160 WG. der Eigentümer eines fremden Grundstückes angehalten werden, für Stau- und Triebwerksanlagen die ober- oder unterirdische Zuleitung des Wassers über das Grundstück zu dulden nach den unter Art. 160 l. c. näher angeführten Bedingungen. Des weiteren kann nach Art. 70 l. c. und 158 l. c. der Ufereigentümer, der zur Benützung des ihm zustehenden Wassers eines Privatflusses oder Baches eine Stauanlage errichten will, gegen vorgängige volle Entschädigung von dem Eigentümer des gegenüberliegenden Ufers dessen Benützung, und, soweit erforderlich, auch die Benützung des Flußbettes von dessen Eigentümer zum Anschluß der Anlage in Anspruch nehmen, ein Anspruch, dem aber Triebwerke nicht unterliegen. Dagegen bedarf eine Stauanlage zum Betriebe einer gemeindlichen Wasserleitung nicht des Verfahrens nach §§ 16 GewO.[1])

Nach Ausführung der Anlage findet eine Ortsbesichtigung zwecks Prüfung derselben statt; Art. 54 WG. Von der Auferlegung einer

---

[1]) VGH. XXVI, 338.

Sicherheitsleistung gemäß Art. 171 WG. dürfte bei einem gemeindlichen Wasserversorgungsunternehmen wohl in der Regel abzusehen sein.

Gegen die Bescheide und Verfügungen der zuständigen Behörden ist Beschwerde zur zweiten und letzten Instanz innerhalb 14 Tagen möglich: Art. 172, 173 WG.

Nach Eintritt der Rechtskraft ist das neue Triebwerk in das Wasserbuch einzutragen: Art. 196 WG.

Den Verwaltungsbehörden steht nicht nur ein Ordnungsstrafrecht gegen Ungehorsame zu, sondern auch das Recht, die angeordneten Maßnahmen auf Kosten der Pflichtigen ausführen zu lassen: Art. 174 WG., aber auch vorsorgliche Anordnungen trotz erhobener Beschwerde sofort vollstrecken zu lassen: Art. 175 l. c. —

Auch beim Bestehen von Triebwerken finden die Bestimmungen des Ausgleichs- und Zwangsverfahrens Anwendung; doch werden sie bei Wasserversorgungen keine entscheidende Bedeutung gewinnen. Es dürfte sich aber immerhin empfehlen, den z. B. aus Art. 65, 66, 67, 70, 82, 157, 163, 164 WG. sich ergebenden Eventualitäten vorzubeugen durch möglichste Erwerbung der in Frage kommenden Wasserstrecken zu Eigentum, wo dies die finanziellen Verhältnisse gestatten. Bei dem unbestritten wichtigen Gemeinwohl einer Wasserversorgung wird der Eingriff ja nie einschneidend erfolgen; doch empfindet man schon ein Verfahren und eine Belastung als Belästigung, auch ergeben sich leicht dauernde Konflikte, wenn die Herrschaft über die benützte Wasserstrecke sich nicht möglichst weit auf privatrechtlichem Gebiete erstreckt. Auf diesem Wege kann manchem administrativen Einschreiten vorgebeugt werden. Wo sich aber diese Alleinherrschaft nicht durchführen läßt, bleibt immerhin zu bedenken, daß die Wasserversorgung wohl fast immer das stärker zu schützende Gemeinwohl bildet, dem die Zwangs- und Ausgleichsrechte in erhöhtem Maße zur Verfügung gestellt werden müssen.

Zur Instandhaltung oder Mitwirkung an der Instandhaltung der Gewässer sind die Triebwerksbesitzer nach Art. 88, I b Ziff. 1 WG. verpflichtet und zwar nach dem Verhältnisse des Nutzens, der aus den einzelnen Instandhaltungsmaßregeln gezogen wird, und dem Umfange des Schadens, der durch diese Maßnahmen abgewendet wird, ferner unter Berücksichtigung des besonderen Einflusses, den eine Anlage auf die Instandhaltung des Gewässers ausübt, ein bei einer Mehrheit ziemlich schwierig festzustellender Maßstab.

Gegen eine genehmigte Triebwerksanlage können aus dem Privatrechte Einwendungen nicht auf Einstellung des Betriebes, sondern nur auf Herstellung von Einrichtungen, welche die benachteiligende Einwirkung ausschließen, oder wo solche Einrichtungen untunlich oder mit einem geordneten sachgemäßen Betrieb unvereinbar sind, auf Schadloshaltung gerichtet werden: Art. 56 WG. mit § 26 GewO.

Dagegen läßt das öffentliche Recht einschneidendere Eingriffe zu. Nach Art. 82 WG. sind die Besitzer von Wasserbenützungsanlagen verpflichtet, eine zeitweise Einschränkung oder Einstellung des Betriebes aus Anlaß von Instandhaltungsarbeiten ohne Entschädigung zu dulden;

für den Schaden, der durch eine länger dauernde Einschränkung oder Einstellung entsteht, kann vorbehaltlich entgegenstehender Rechtsverhältnisse Ersatz verlangt werden.

Findet die nach Art. 50 WG. erteilte Genehmigung nach Art. 62, I WG. durch Zeitablauf oder Widerruf ein Ende, so ist, wenn nicht ausnahmsweise sofortiger Vollzug erforderlich wird, Art. 62, II, nach einer angemessenen Frist der Vollzug zu betätigen. Soll jedoch vor Ablauf der Zeit oder trotz unwiderruflich erteilter Genehmigung die Erlaubnis zurückgezogen oder geschmälert werden, so kann dies nur im Wege der Zwangsenteignung nach Art. 58, I, 43, III in Verbindung mit Art. 154—156 WG. erfolgen. Ist die Erlaubnis gemäß Art. 64 erloschen, so findet auf Triebwerksanlagen Art. 60, I WG. entsprechende Anwendung. Jedoch kann wegen überwiegender Nachteile und Gefahren für das Gemeinwohl die fernere Benützung der Triebwerksanlage durch die höhere Verwaltungsbehörde jederzeit untersagt werden; in diesem Falle muß dem Besitzer für den erweislichen Schaden Ersatz geleistet werden. Gegen die untersagende Verfügung ist Rekurs zulässig; wegen der Entschädigung ist der Zivilrechtsweg offen: Art. 56 WG. mit 51 GewO.

Die in diesen Bestimmungen verborgen liegende Gefahr für gemeindliche Wasserversorgungen kann verhältnismäßig am sichersten dadurch vermieden werden, daß nach Möglichkeit die Anlage von Triebwerken an öffentlichen oder Staatsprivatflüssen vermieden wird.

Die Beseitigung von Triebwerksanlagen bedarf der Genehmigung der Verwaltungsbehörde: Art. 52 WG.

Auch die Triebwerke an Privatflüssen und Bächen sind der ständigen Beaufsichtigung durch die Verwaltungsbehörden unterstellt: Art. 58, II mit Art. 48, I WG.

Im folgenden seien die übrigen Fragen der Wasserverwaltung besprochen.

Das prinzipielle Aufsichts- und Anordnungsrecht der Verwaltungsbehörde bei öffentlichen Gewässern ergibt sich aus Art. 2 mit Art. 42, 43, bei Privatflüssen und Bächen aus Art. 48; bei geschlossenen Gewässern besteht eine Aufsicht im Rahmen des Art. 107 WG.

Ein in der Praxis bisher nicht immer als genehmigungspflichtig betrachteter Fall, der auch nach neuem Rechte die Tätigkeit der Verwaltungsbehörde erfordert, ist die Einrichtung von Entleerungsleitungen.

Die Reservoirs sammeln Wasser an, die nicht immer verbraucht werden; dieses Ueberwasser muß abgeführt werden. In den Städten werden damit Brunnen gespeist oder das Wasser wird anderen Zwecken, wie Bädern, dienstbar gemacht. Soll jedoch schon bei der Zuleitung aus dem Sammelbassin Ueberwasser abgeleitet werden, was bei längeren Leitungen von Zeit zu Zeit notwendig wird, so erfolgt die Entleerung meist in Bäche oder Teiche. Diese Entleerung bedeutet aber immer einen Eingriff in fremdes Eigentum, da sie eine Vermehrung des oberirdischen oder Grundwassers, dadurch eine Stauung und hiermit

Einfluß auf die Grundstücke bedeutet; aus diesem Gesichtspunkt einer möglichen Schädigung fremden Eigentums und einer rechtlich nicht gestatteten Belästigung ist die Erlaubnis der Verwaltungsbehörde erforderlich nach Art. 42 bei öffentlichen Gewässern, Art. 48 bei anderen Gewässern mit Ausnahme der geschlossenen. Das Instruktionsverfahren wird in abgekürzter Weise dem eben bei Triebwerksanlagen beschriebenen ähneln.

Art. 49 WG. schützt die Wasserversorgung einer Ortschaft zu Trink- und Gebrauchs-, sowie zu Feuerlöschzwecken in der Art, daß eine selbst erlaubte anderweite Wasserbenützung durch Dritte in geeigneter Weise durch die Verwaltungsbehörde beschränkt werden kann.

Ferner dürfen Ueberführungen von Wasserleitungen und Unterführungen durch öffentliche Gewässer, sowie Privatflüsse und Bäche mit erheblicher Hochwassergefahr, soweit diese Unternehmungen nicht durch Staatsbehörden zur Ausführung gelangen, nur mit Erlaubnis der Verwaltungsbehörde errichtet oder abgeändert werden: Art. 78 WG. Bei Erteilung der Erlaubnis, die auf bestimmte Zeit oder in widerruflicher Weise gegeben werden kann, sind die erforderlichen Bedingungen festzusetzen. Gegebene Genehmigungen können nach Zeitablauf oder durch Widerruf hinfällig werden, unwiderrufliche können aus besonderen Gründen des Gemeinwohles gegen Entschädigung zurückgenommen werden: Art. 79 WG.

Die Besitzer von Wasseraus- und -einleitungen trifft nach Art. 88, 89 WG. die gleiche Instandhaltungspflicht wie die Triebwerksbesitzer. Die Aufsicht über die Instandhaltung der öffentlichen Gewässer durch die Verwaltungsbehörde ergibt sich aus Art. 95, die über die Privatflüsse und Bäche aus Art. 105 WG.

Zu erwähnen ist noch die Tätigkeit der Verwaltungsbehörden bei der Gründung von Genossenschaften zur Herstellung und Unterhaltung von Trink- und Nutzwasserleitungen nach Art. 110 Ziff. 3 WG.

Maßgebend war bei Schaffung dieser Bestimmungen der Gesichtspunkt, unter angemessener Abwägung der Interessen der Einzelnen und der Gesamtheit in möglichst einfacher und rascher Weise und mit dem geringstmöglichen Kostenaufwande zu einer der Sachlage entsprechenden Gesamtentscheidung über alle einschlägigen Rechte und Zweckmäßigkeitsfragen zu gelangen.[1])

Die Instruktion der Anträge obliegt der nach Art. 179, I zuständigen Distriktsverwaltungsbehörde; dieselbe kann nach freiem pflichtgemäßen Ermessen den Antrag wegen Unzulässigkeit ohne weitere Verhandlung zurückweisen, Art. 180 WG., wogegen lediglich Verwaltungsbeschwerde zulässig ist. Andernfalls hat nach Art. 181 l. c. eine Verhandlungstagfahrt mit mündlicher Verhandlung stattzufinden; mit ihr ist erforderlichenfalls eine Ortsbesichtigung zu verbinden: Art. 182 WG. Die Instruktionsbehörde hat ex officio die tatsächlichen Grundlagen mit Hilfe von Plänen und Auszügen festzustellen und die Pläne einer Beschreibung des Unternehmens auszulegen: Art. 181, I WG.

---

[1]) Mot. z. WG. S. 70.

Zur Verhandlungstagfahrt sind die ermittelten Beteiligten schriftlich, etwa sonst Beteiligte durch Ausschreiben im Amtsblatt zu laden unter den in Art. 181, II Ziff. 1 mit 4 enthaltenen Beifügen: 1. wo die Pläne zur Einsicht aufliegen; 2. Androhung der Verwirkung der Einspruchs- und Widerspruchsrechte bei Nichterscheinen in der Tagfahrt; 3. Androhung der Kostenpflicht bei Vereitelung der Tagfahrt durch Nichterscheinen; 4. daß nicht Erschienene als der Mehrheit zustimmend erachtet werden.

Hierbei ist zu bemerken, daß Einsprüche möglichst schon vorher vorgebracht werden sollen, doch in der Verhandlungstagfahrt bei Vermeidung ihrer Verwirkung, also eventuell noch einmal, eingelegt werden müssen. Ist ein Antrag auf Zwangsabtretung gestellt worden, so hat die Dispositionsbeschränkung im Grundbuche nach Art. XVI ZwEG. vorgemerkt zu werden. Im übrigen aber bleibt das Zwangsenteignungsverfahren nur insoweit in Kraft, als es durch die folgenden Art. des WG. nicht abgeändert wird: Art. 191 WG.

Nach einer Frist von 3 Wochen kann die Tagfahrt stattfinden; in derselben ist das gesamte Unternehmen mit den gestellten Anträgen und Einsprüchen zu erörtern, über die Verhandlung Protokoll zu führen. Sachverständige können gehört werden. Auf Grund der Ergebnisse sind nach Lage der Sache die gesetzlichen Voraussetzungen über die Bildung einer Genossenschaft zu prüfen, wobei zustimmende Erklärungen nicht mehr zurückgenommen werden können: Art. 182 WG.

Es kann nun sofort eine Genossenschaft mit provisorischem Vorstande gebildet werden; bei Einhelligkeit eine freiwillige nach Art. 184, 111, 1 und 112, I WG., bei Widerspruch einer Minderheit: Art. 185 l. c. eine Genossenschaft mit Beitrittszwang nach Art. 111, 2 und 112, II WG. Letzterenfalls hat der Vorstand sich sofort über die Einsprachen und Widersprüche zu erklären. Kann die Genossenschaft jedoch aus irgend welchen Gründen nicht sofort gebildet werden, so sind wenigstens Bevollmächtigte aufzustellen, welche in provisorischer Weise die Zustimmenden bis zur Genossenschaftsbildung zu vertreten haben: Art. 185, III WG.

In den drei ebenbesprochenen Fällen sind die Verhandlungen der Kreisregierung vorzulegen. Bei Genossenschaften mit Beitrittszwang befindet die Regierung über die erhobenen Einsprüche und Widersprüche, insbesonders über die zwangsweise Beiziehung der Minderheit, über eine etwaige Zwangsenteignung und über beanspruchte Zwangsrechte; jedoch können Gemeinden nicht zum Beitritt gezwungen werden; dies würde mit Art. 38 GemO. in Widerspruch stehen. Der Bescheid hat über die Zulässigkeit der Wasserbenützungsanlagen sich auszusprechen; auch muß eine Ausführungsfrist gesetzt werden: Art. 189, III WG. Gegen die im verwaltungsrechtlichen Verfahren erfolgende Entscheidung ist Beschwerde an den Verwaltungsgerichtshof zulässig: Art. 189, IV WG. Die Prüfung und Genehmigung der Satzung aber, nötigenfalls nach deren Abänderung, hat baldigst zu erfolgen: Art. 190 WG.

Soll neben einer bestehenden Genossenschaft eine neue errichtet werden, so darf die ältere nicht wesentlich beeinträchtigt werden; es ist ein Ausgleich anzustreben; ergibt sich ein solcher nicht, so ist der Antrag auf Bildung einer neuen Genossenschaft sofort zurückzuweisen: Art. 192 WG. Liegen mehrere durchführbare Projekte zu gleicher Zeit vor, so ist nach dem Gesichtspunkte des Gemeinwohles die Auswahl durch die Verwaltungsbehörde zu treffen: Art. 193, I l. c., wodurch aber den bei der Auswahl des zuzulassenden Unternehmens nicht berücksichtigten Beteiligten nicht auch die Stellung als Beteiligte in diesem Verfahren entzogen wird: Art. 193, II WG. Das Verfahren ist gebührenfrei, die Kosten der Ortsbesichtigung und Tagfahrt werden auf die Staatskasse übernommen; ausgenommen ist der Fall, daß durch das Ausbleiben des Antragstellers die Ortsbesichtigung oder Tagfahrt vereitelt worden ist. Die übrigen Kosten tragen die Antragsteller, respektive die Genossenschaften: Art. 194 WG.

7. Dingliche Sicherstellung des Wasserbezugsrechtes.

Das WBG. kannte lediglich die Zwangsenteignung von Quellwasser zu gemeindlichen Wasserversorgungszwecken gemäß Art. 38 l. c., sowie den Schutz des notwendigen Wasserbedarfes einer Ortschaft gegenüber einer Anlage eines Ufereigentümers zur Wasserbenützung nach Art. 56 l. c. Es erschien deshalb, sowohl gegenüber dem vom Wasserrecht nicht berührten Bergrecht, als auch gegenüber dem starren Eigentumsbegriff nach Art. 33 WBG. und mangels einer gesetzlichen Handhabe zu einer behördlichen Wasserverwaltung die Sicherung des Wasserbezuges durch Eigentumserwerb an Quellgrundstücken, sowie durch Dienstbarkeitbestellung zum Zwecke des Bezuges und Duldung der Leitungen ꝛc., wie oben beschrieben, nicht genügend, allen unangenehmen Möglichkeiten, sowie jeglichem bösen Willen zuvorzukommen.

So sicherte man sich gegen Ableitung und Verminderung der Quellen einerseits, Infektion, Vergiftung und Verunreinigung des Wassers andererseits durch rechtliche Einkreisung des Quellengebietes, das, das ganze Niederschlagsgebiet der Quellen umfassend, nach Anhörung von Sachverständigen (Geologen, Wasserversorgungsingenieure, Chemiker, Hygieniker) begrenzt wurde. Man erwarb seitens der Behörden, wie Generaldirektion, Straßen- und Flußbauämter, Bezirksämter, Forstämter ꝛc. Zusicherungen, durch staatliche Grundstücke keine fremden Rohrleitungen legen zu lassen oder wenigstens bei Instruierung eines solchen Gesuches als Beteiligter gehört zu werden; in dem Verfahren konnte dann die Gemeinde die Schädigung ihrer Quellen nachweisen und die Ableitung dadurch verhindern, daß die betreffende Behörde auf Grund dieser Erhebungen die Erlaubnis zur Durchführung der Rohre verweigerte.

Soweit private Grundstücke in dem zu ziehenden Umkreise lagen, veranlaßte man deren Eigentümer zur Bestellung einer Dienstbarkeit des Inhaltes, keine Wasserleitungen einzulegen oder einlegen zu lassen; oder die Gemeinde erwarb selbst einen schmalen Streifen Grund in diesem Umkreise zu Eigentum. Außerdem war man bestrebt, von dem

Niederschlagsgebiete die Einführung von Fabrik-, Industrie- und städtischen Abwässern fernzuhalten. Das Quellengebiet konnte auch wirksam geschützt werden durch eine die gemeindlichen Bedürfnisse berücksichtigende Flurbereinigung.

Diese weitausschauenden, aber sehr umständlichen Vorsichtsmaßregeln sind nun durch die nach Art. 19 WG. notwendig gewordene behördliche Erlaubnis zu einem großen Teile überflüssig geworden. Denn dieser Artikel schützt selbstverständlich auch die bestehenden Wasserleitungen gegen Ableitung, da deren Eigentümer in dem Verfahren als Beteiligte gehört werden müßten.

Den unmittelbaren Umkreis der Quelle schützt man durch Einfriedigung, Bepflanzen mit Bäumen, bei Servituten durch strenge Düngeverbote.

Von Bedeutung sind aber jetzt noch Sicherungen gegen Schädigungen und Gefährdungen des Quellengebietes durch den Bergbau.

Bekanntlich steht nach Art. 4—12 BergG. das Schürfen nach verleihbaren Materialien jedem unter den dort benannten Bedingungen frei. Nun schützt ja allerdings Art. 19 WG. eine bestehende Wasserversorgung insoferne, als ein zufällig erschlossenes Wasser nicht ohne behördliche Erlaubnis abgeleitet werden darf. Es kann aber für eine Wasserversorgung schon recht unangenehm werden, an einem Orte ihr Grundwasser angebohrt zu sehen, wo es auf die ganze Anlage schädigend wirken muß, besonders dann, wenn infolge der Mächtigkeit des Grundwasserstromes die Wiederherstellung mit Schwierigkeiten verbunden ist. Aus diesem Grunde, sowie mit Rücksicht darauf, daß ein Bergwerksbetrieb in dem Quellengebiet ohne Schädigung des letzteren meist undenkbar sein dürfte, wird es sich auch bei dem modernen Wasserrechte in der Regel noch empfehlen, nach Art. 5, II BG. ein Schürfverbot für das Grundwassergebiet der Quellen zu erwirken. Daß die Wasserversorgung als ein bedeutendes öffentliches Interesse anzusehen ist, steht nach der konstanten bisherigen Praxis der bayerischen Bergbehörden fest. Erforderlich als Voraussetzung des Schutzes ist nur die Bindung der Quellen für den Wasserversorgungszweck und die Angabe des Maßes ihrer Benützung für den erwähnten Zweck. Auch gegenüber dem Bergwerkseigentümer hat dieses Verbot eine gewisse beschränkte Bedeutung, als auch er nicht mehr nach neuen Mineralien auf der Erdoberfläche schürfen, sondern nur mehr den Ausbau der verliehenen Materialien weiter betreiben darf.

Da sich das Schürfverbot aber nur gegen Grabarbeiten, welche die Aufsuchung verleihbarer Mineralien bezwecken, Sicherheit gewährt, und nach dem Berggesetze nur in diesem Rahmen gewähren konnte, wurde bisher auch jeweils das zuständige Bezirksamt um Mitwirkung zum Schutze des Quellengebietes durch Erlassung polizeilicher Schutzvorschriften auf Grund der Art. 73, 94, 101 PStGB. angegangen, wodurch Aufgrabungen, Erzeugung, Ansammlung oder Lagerung nachteilig auf das Wasser einwirkender Stoffe oder die Einleitung häuslicher, städtischer oder industrieller Abwässer in Gewässer verboten oder beschränkt wurde. Freilich blieb auch dann noch eine gewisse Schädigungsmöglichkeit offen, die gründlich nur durch Art. 19 WG. beseitigt wurde. Ueber den Inhalt der eben erwähnten polizeilichen Anordnungen enthält die Anleitung des Reichsgesundheitsamtes für die Einrichtung, den Betrieb und die Ueberwachung öffentlicher Wasserversorgungsanlagen, welche nicht ausschließlich technischen Zwecken dienen,[1]) genauere Angaben.

Während sich das Schürfverbot gegen einen etwa beginnenden Bergbau richtet, gewährt Art. 68 BergG. Schutz gegen einen bestehenden Bergbau. Es ist zufolge der Führung der Grundwasser und deren Zusammenhang mit den Quellen nicht ausgeschlossen, daß durch eine frivole oder fahrlässige Stollenanlage Quellen abgeschnitten werden. Dadurch aber, daß der Bergwerksbesitzer verpflichtet ist, den Betrieb nur auf Grund eines von der Berginspektion genehmigten Betriebsplanes durchführen zu lassen, können die Bergbehörden die Quellen gegen etwaige Schädigung durch den Bergbau schützen. Maßgebend ist hierbei Art. 230 BergG. speziell der Gesichtspunkt des Schutzes gegen gemeinschädliche Einwirkungen des Bergbaues und die Sicherung des Baues und des Betriebes, bzw. die Verhütung von Gefahren für Leben und Gesundheit der Arbeiter. Es bedeutet nämlich der Eintritt von Wasseradern in den Stollen bei einiger Stärke zugleich eine große Gefährdung für den Bergbau und die Arbeiter, weshalb es auch im eigensten Interesse des Bergwerkseigentümers liegt, die Anbohrung von Wasser möglichst zu vermeiden. Es bleibt aber zu bemerken, daß die einschränkenden Maßregeln gegen den von dem Bergwerkseigentümer vorgelegten Betriebsplan sich auf das notwendigste Maß beschränken müssen, da ein gesetzlicher Schadensersatzanspruch wegen solcher Betriebseinschränkungen nicht gegeben ist.

Wird aber durch den Bergbau die Wasserversorgung geschädigt, so steht der unternehmenden Gemeinde lediglich ein Schadensersatzanspruch zu: Art. 184, den sie wie jeder andere Grundbesitzer verfolgen kann. Für die Geltendmachung eines Schadensersatzanspruches ist aber immer von Wichtigkeit die Priorität der Anlage nach Art. 186 BergG. Es kann aber auch der Fall eintreten, daß eine Gemeinde des vom Bergwerkseigentümer erschlossenen Grubenwassers als Nutzwasser oder Betriebswasser für die Speisung von Motoren dringend bedarf; hierfür ist maßgebend Art. 182 BergG., der bestimmt: „Insoweit und insolange ein Bergwerksbesitzer seine Grubenwasser zu Betriebszwecken nicht selbst benützt, kann deren Benützung von dem Oberbergamt in widerruflicher Weise auch anderen gestattet werden. Den Besitzern benachbarter Bergwerke und Aufbereitungsanstalten gebührt in diesem Falle der Vorrang". Es fragt sich nun, ob und in welcher Weise ein dinglicher Zugriff auf diese Grubenwasser möglich ist. Zur Beantwortung dieser Frage ist es zuerst nötig, den Begriff „Grubenwasser" und seine rechtliche Qualifikation festzustellen.

Das Berggesetz gibt keine Definition des Wortes „Grubenwasser". Es scheint anzunehmen, daß es durch die Praxis schon ge-

[1]) l. c. S. 20.

nügend bestimmt ist und keiner ausdrücklichen Festsetzung bedarf. Die Motive bemerken: Die vom Gesetz zu treffenden Bestimmungen sollten dahin gehen, daß die Grubenwasser, deren Erschrotung ausschließlich dem Bergbau zu verdanken sei, und die man in gewisser Beziehung als ein Erzeugnis des Bergbaues betrachten müsse, auch für die Zwecke des Bergbaues, zunächst des Bergwerksbesitzers erhalten bleiben sollten.[1]) Daraus ist wohl der Schluß zu ziehen, daß das durch den Bergbaubetrieb erschrotene Grubenwasser als ein „Erzeugnis des Bergbaues" einen Bestandteil des Bergwerkseigentums bilden solle, weshalb es auch im Bereiche seiner exzeptionellen Behandlung — „bis zur Vereinigung mit anderen bestehenden Tagwässern" — bergrechtlichen Bestimmungen, und der bergrechtlichen Zuständigkeit des Oberbergamtes insbesondere, unterliegt.

Dieses bergrechtliche Nutzungsrecht wird auch als Ausnahme in dem Art. 207 WG. ausdrücklich aufrecht erhalten. Das bergrechtliche Nutzungsrecht und das privatrechtliche Verfügungsrecht schließen sich gegenseitig aus.[2]) Eine Konsequenz hieraus ist, daß bezüglich der Benützung von Grubenwässern das Oberbergamt allein verfügt; eine gleichzeitige Zuständigkeit der Distriktsverwaltungsbehörde auf Grund des Wassergesetzes ist ausgeschlossen. Zum Unterschied von Grundwassern sind Grubenwasser die im Bergwerksstollen auftretenden und durch den Bergwerksbetrieb erschlossenen Gewässer.

Es fragt sich nun, ob dieses gemäß Art. 17, I AG. z. GO. und § 3 GO. grundstücksgleiche Recht auch enteignet werden kann.

Der Abschied für die Ständeversammlung des Königreiches Bayern vom 17. November 1837[3]) lautet im Abs. II: „Hierbei setzen wir ausdrücklich voraus, daß zufolge dieses Gesetzes an den eigentümlichen Verhältnissen . . . . des Bergbaues . . . . weder in formeller noch materieller Hinsicht eine Aenderung eintrete."

Eine gesetzlich bindende Kraft kommt diesem Vorbehalt nicht zu, er dient aber als Auslegungsbehelf der übereinstimmenden Gesetzgebungsfaktoren dahin, daß das Berggesetz, weil nicht ausdrücklich berührt, noch im vollen Umfange in Kraft bleiben solle; das ZwEG. hat mithin auf das BergG. keinen Einfluß.[4]) Die Rechtfertigung dieser Ausnahmebestimmung dürfte durch die Regalität im Bergrechte Art. 2 BergG. gegeben sein.

Von großer praktischer Tragweite ist aber die Frage, ob der Bergwerkseigentümer die Benützung dieses Wassers an eine wasserversorgende Gemeinde abtreten kann und ob auch eine dingliche Sicherung dieses Wasserbezuges möglich ist.

Nach dem Wortlaut des Art. 182 BergG. ist es nicht ausgeschlossen, daß der Bergwerkseigentümer die Grubenwasser Dritten zur Verfügung stellt. Denn das Oberbergamt ist nicht verpflichtet, das Grubenwasser ohne gestellten Antrag anderen bevorzugten Nutzberechtigten zu verleihen;

---

[1]) Verhandl. d. K. d. A. 1866/68 Beil. Bd. IV S. 65.
[2]) VGH. XII, 306.
[3]) Henle, ZwEG. Komm. 1890 S. 37.
[4]) Vgl. Henle l. c. S. 38 ff.

es wird vielmehr nur im Falle einer Bewerbung und in Streitfällen eine Verleihung durch das Oberbergamt erfolgen. Die Motive sagen zu diesem Artikel: „Da jedoch die Grubenwasser ihrer Natur gemäß sich in keiner Beziehung nach den Bestimmungen des Wassergesetzes behandeln lassen, indem diese jene Wasser gar nicht im Auge haben, da vielmehr für dieselben besondere Bestimmungen zunächst im Interesse des Bergbaues, der sie gewonnen hat, zu treffen sind, so müssen auch in Betreff derjenigen, die von dem, der sie erschroten hat, nicht benützt werden, im Berggesetz Bestimmungen getroffen werden.[1]) Es ist klar, daß für diesen Fall die Dispositionsbefugnis des Bergwerkseigentümers ihr Ende findet. Er kann sich also wohl binden, für seine Person das Grubenwasser nicht zu benützen. Einer solchen Bindung würde auch wohl Art. 182 nicht im Wege stehen. Aber in dem Augenblicke, als ein anderer als der Bergwerkseigentümer in die Benützung der Grubenwasser tritt, kann das Oberbergamt von dem Verleihungsrechte Gebrauch machen, dem gegenüber keine dingliche Sicherung durchgreift. Allerdings bleibt wieder zu bedenken, daß der Wasserversorgung ein lebhaft zu schützendes Interesse innewohnt. Die gleiche Beurteilung ergibt sich im Falle der Auflassung des Bergwerkes und neuer Mutung. Wenn auch sonst das Bergwerkseigentum dinglich belastet werden kann, so ist die Möglichkeit einer dauernden dinglichen Sicherung des Wasserbezugsrechtes durch die dem Oberbergamte vom Gesetz eingeräumte Verleihungsbefugnis ausgeschlossen.

Muß trotz dieser Unsicherheit aus irgend welchen Gründen auf den Bezug solchen Grubenwassers Wert gelegt werden, so ergeben sich weitere Schwierigkeiten dadurch, daß diese Wasser nicht unbeträchtlichen Verunreinigungsmöglichkeiten unterliegen.

Der Schutz durch polizeiliche Vorschriften nach Art. 73, 94 PStGB. gegen Verunreinigung der genannten Wasser außerhalb des Bereiches der Bergpolizei ist immerhin dürftig zu nennen. Gerade die meisten und unangenehmsten Verunreinigungen erfolgen vielmehr durch den Bergbau selbst; auf diese Fälle findet aber das Wassergesetz keine Anwendung; das Berggesetz gibt keine Schutzbestimmungen für dritte Nutznießer von Grubenwassern. Somit ergibt sich als der einzige Ausweg, auf dem Vertragswege dem Bergwerkseigentümer eine Dienstbarkeit aufzuerlegen, die die möglichste Vermeidung von Verunreinigungen des Grubenwassers zum Inhalte hat, natürlich ohne Garantie des Bergwerkseigentümers für Qualität und Quantität des Wassers; aufzunehmen wäre ferner noch bei nicht zu umgehender Verunreinigung der Grubenwasser eine Pflicht zur Mitteilung an die wasserversorgende Gemeinde, die dann im Benehmen mit dem Bergwerkseigentümer auf eigene Kosten die Verunreinigung möglichst verhindern könnte unter Entschädigungshaftung für alle etwa veranlaßten Betriebsstörungen usw.

Dies erforderte jedoch ein sehr weites Entgegenkommen des Bergwerkseigentümers angesichts der großen Belästigungs- und Beschränkungs-

[1]) Verh. d. K. d. A. 1866/68 Beil. Bd. IV S. 66.

möglichkeit für seinen Betrieb, so daß die Durchführbarkeit dieses Ausweges in der Praxis meist auf unübersteigliche Hindernisse stoßen dürfte.

Dem Schutze der Quellen dient auch die Existenz eines Schutzwaldes. Es kann nämlich an gewissen Ortslagen die Erhaltung der Quellen von dem Bestehen des Waldes abhängig sein: Art. 35 Ziff. 3 ForstG. Die Rodung eines solchen Waldes ist nach Art. 34 Ziff. 2 ForstG. unzulässig. Mit Rücksicht hierauf hat die Forstpolizeibehörde (Distriktsverwaltungsbehörde) auf Antrag den kahlen Abtrieb, sowie eine diesem in der Wirkung gleichkommende Lichthauung zu verbieten, mindestens aber an Bedingungen zu knüpfen: Art. 39 ForstG. Die unternehmende Gemeinde kann zur Anerkennung eines Waldes als Schutzwald gegenüber den ihr gehörigen Quellen an die Forstverwaltung Antrag stellen.

Zum Schlusse bedarf noch der Fall der Erörterung, daß eine Gemeinde ihr Wasserbezugsrecht aus der Wasserleitung einer anderen Gemeinde dinglich sichern will.

Als zu Belastungen geeignet erweisen sich nur Grundstücke, die im Eigentum der die Wasserleitung besitzenden Gemeinde sich befinden, sowie solche, auf denen ein auf die Wasserleitung bezughabendes Recht als Erbbaurecht ruht, ferner Grundstücke, zu deren Gunsten ein Wasserleitungsrecht als Grunddienstbarkeit für die genannte Gemeinde errichtet worden ist. Dagegen können Wasserleitungsrechte als beschränkte persönliche Dienstbarkeiten, wenn nicht die Ueberlassungsbefugnis ausdrücklich festgestellt wurde, nach § 1092 BGB. nicht übertragen und auch nicht belastet werden.

Da es sich um die Zuteilung einer bestimmten Wassermenge aus einer fremden Wasserleitung an die berechtigte Gemeinde handelt, ist der Gedanke an eine Reallast der naheliegendste. Das BGB. bestimmt in den §§ 1105—1112 nur den äußeren rechtlichen Rahmen, überläßt dagegen die innere rechtliche Ausgestaltung derselben im Hinblicke auf die verschiedenartige historische Entwicklung dieses Institutes in den einzelnen Territorien der Landesgesetzgebung.[1]) Art. 115 EG. z. BGB. hält die landesgesetzlichen Vorschriften, welche die Belastung eines Grundstückes mit Reallasten untersagen oder beschränken, sowie den Inhalt oder das Maß solcher Rechte bestimmen, aufrecht. Demgemäß bestimmt Art. 85 AG. z. BGB., daß außer den Fällen der Leibrente nur das Recht auf die regelmäßig wiederkehrende Leistung von festbestimmten Geldbeträgen oder festbestimmten Mengen von Bodenerzeugnissen als Reallast bestellt werden können; zugleich ist der Ablösungsgeldbetrag festzusetzen.

Anerkanntermaßen sollte durch möglichst weite Zulassung landesrechtlicher Regelung das Ziel erreicht werden, daß der bestehende Rechtszustand aufrecht erhalten wird und daß in der Hauptsache nur die landesrechtlich anerkannten, bzw. nicht ausgeschlossenen Reallasten von

---

[1]) Staudinger, Komm. z. BGB. 2. Aufl. Vorbem. z. d. Reallasten III. Bd. pag. 359. — 3./4. Aufl. pag. 546.

den Bestimmungen des BGB. betroffen werden.[1]) Da aber bisher die Begründung neuer Reallasten nicht ausgeschlossen war, da ferner sowohl von dem OLG.[2]) als auch vom VGH.[3]) das in Frage stehende Wasserbezugsrecht schon bisher als Reallast aufgefaßt worden war, unterliegt es keinem Zweifel, daß dieses Recht auch unter dem BGB. als Reallast weiter besteht. Stobbe definiert die Reallasten als „die dem jedesmaligen Besitzer eines Grundstückes obliegende Verpflichtung zu stetig wiederkehrenden positiven Leistungen aus den Nutzungen, welche das Grundstück seiner Natur nach und infolge seiner Bewirtschaftung gewährt. Die Verpflichtung zu Leistungen kann entweder in regelmäßiger Weise zu bestimmten Zwecken oder in unregelmäßigen Intervallen, nur bei gewissen Veranlassungen eintreten; die einzelnen Leistungen erscheinen als Ausfluß der Gesamtverpflichtung. Daß die Reallast von ewigem Bestande sei, gehört nicht zu ihrem Wesen."[4]) Roth (Bayerisches Zivilrecht), betont den Charakter der Reallasten als „wiederkehrende Leistungen, welche derart mit einem Immobile verbunden sind, daß die Verpflichtung dazu dem jeweiligen Eigentümer obliegt". Zweifellos liegt hier eine deutschrechtliche Reallast vor. Schwierig aber gestaltet sich die Frage nach dem Charakter dieses Rechtes seit dem Inkrafttreten des BGB. Es mag vielleicht noch angehen, das zuzuleitende Wasser als eine „festbestimmte Menge von Bodenerzeugnissen" anzusehen, wenngleich die Reallast auf dem Wasserleitungsgrundstück ruht; nach unserem Rechte mag das Wasser als Bodenerzeugnis gelten; findet nur überhaupt eine Zuleitung durch den Verpflichteten statt, so mag dann der Charakter einer Reallast als gewahrt angesehen werden. Doch dürfte sicher die Reallast dem Zwecke einer Wasserversorgung als einer dauernden Anlage nicht mehr gerecht werden. Nach Art. 85, II AG. z. BGB. ist die freie Ablösbarkeit der Reallast durch den Verpflichteten mit einem vorausbestimmten Geldbetrage wesentliches Erfordernis; allerdings gilt diese Bestimmung nur für die nach 1900 zu begründenden Reallasten; die alten bestehen mit dem bisherigen Inhalte fort. Die nach neuem Rechte erforderte Ablösbarkeit widerstreitet aber dem Charakter der Beständigkeit und verfehlt den Zweck einer dinglichen Sicherung.

So rückt die Frage nahe, ob nicht die Form einer Dienstbarkeit eher zum Ziele führen könnte. Allerdings ist von vornherein zu bemerken, daß eine Dienstbarkeit nicht in einem Tun bestehen kann; es müßte also die Ableitung durch den Berechtigten stattfinden; einen Kontrollwassermesser dürfte ebenfalls nur der Berechtigte anbringen. Es wäre auch die Duldung der Entnahme von Wasser aus dem Sammelbassin Inhalt einer Dienstbarkeit. Am deutlichsten wäre der Charakter einer Dienstbarkeit festgestellt durch die Verpflichtung des Haltens einer besonderen Anlage auf dem belasteten Grundstücke im Rahmen des berechtigten Interesses: § 1021 BGB.

---

[1]) Mot. III S. 579, 580.

[2]) l. c. ZS. XV, 434 ff.

[3]) l. c. XXIV, 418.

[4]) Handbuch des deutschen Privatrechtes II, 2; 3. Aufl.

Unter diesen Umständen könnte sowohl die Grunddienstbarkeit, wie die praktisch wohl allein zur Verwendung gelangende beschränkte persönliche Dienstbarkeit zugelassen werden.

Ungeeignet ist hiergegen ohne Zweifel der Nießbrauch. Es geht ja wohl an, einzelne Nutzungen aus dem Gesamtnutzungsrecht des Nießbrauchers auszuschließen: § 1030, II BGB., nicht aber kann der Nießbrauch von vornherein auf einzelne Leistungen der Art und dem Maße nach beschränkt werden; ein Nießbrauch an dem Rohrleitungsrecht aber ist unmöglich.

Es wäre auch eine dingliche Sicherstellung der berechtigten Gemeinde gegenüber der Eigentümerin der Wasserleitung als Schadloshaltung bei Nichterfüllung der übernommenen Pflichten, sowie bei Veräußerung und Belastung der Wasserleitung denkbar.

Eine Sicherung für den Fall der Auflassung oder der Veräußerung erscheint mit Rücksicht auf die gemeindliche Pflicht zur Unterhaltung einer bestehenden Wasserleitung nach Art. 38/29 GemO. als überflüssig; wollte hier eine Sicherung eingreifen, so könnte sie die Form des dinglichen Vorkaufsrechtes wählen.

Im übrigen aber könnte nur ein Pfandrecht an Grundstücken Platz greifen für den Fall der Nichterfüllung des Vertrages oder der Belastung; es müßte auf die Grundstücke der Eigentümerin der Wasserleitung zur Sicherung eine Konventionalstrafe, vielleicht in der Form einer Sicherungsgesamthypothek, gelegt werden, wenn sich, was nicht gerade wahrscheinlich ist, die betreffende Gemeinde dazu versteht. Das Rohrleitungsrecht als beschränkte persönliche Dienstbarkeit kann ohnehin nicht belastet werden. Die Aufgabe der Dienstbarkeit zugunsten der belasteten Grundstücke ist unmöglich.

Eine dingliche Sicherung des Rohrleitungsrechtes gegenüber den dritten belasteten Grundstückseigentümern für die durch die Wasserleitung mitversorgte Gemeinde wäre nur möglich durch Erweiterung der mit den Grundstückseigentümern abgeschlossenen Verträge; da aber in diesem Falle kein Zwangsenteignungsrecht zur Seite steht, dürfte die Durchführung der Erweiterung auf bedeutende Schwierigkeiten stoßen. Andererseits aber hat die dingliche Sicherung des Wasserbezugsrechtes ohne Sicherung der Rohrleitung keinen durchgreifenden Wert.

Es ist deshalb vorzuziehen, auf die dingliche Sicherung in diesem Falle zu verzichten. Der wirksamste Schutz liegt in der Staatsaufsicht über die Gemeinde und in ihrer Haftung. Kommt die Gemeinde ihren Verpflichtungen nicht nach, so haftet sie mit ihrem Vermögen, eventuell auch mit Umlagen für die Erfüllung der Vertragsverbindlichkeiten und den Schadensersatz.

II. Abschnitt.

Die Einführung der Wasserversorgung in der Gemeinde.

1. Benützungsformen der Wasserversorgung.

Es fragt sich nun, in welcher Weise der beabsichtigte gemeinnützige Zweck einer gemeindlichen Wasserversorgung verwirklicht wird, mit anderen Worten, in welcher Form die gemeindliche Wasserleitung der Benützung durch die Einwohner übergeben werden soll. Hierfür kommt eine privatrechtliche und eine öffentlichrechtliche Form in Betracht; erstere ist die privatwirtschaftliche Unternehmung nach privatrechtlichen Grundsätzen, letztere die öffentlichrechtliche, durch die Finanzhoheit der Gemeinde geregelte Benützung einer Gemeindeanstalt durch die Einwohner.

Die Wahl der Form ist den zuständigen Gemeindeorganen überlassen auf Grund des in Art. 1 der GemO. garantierten Selbstverwaltungsrechtes. Doch ist das Belieben der Gemeindebehörden nicht als ein völlig freies von der Gemeindeordnung intendiert. Auszugehen ist hierbei von dem Art. 38/29 GemO. Art. 38/29 zählt die gesetzlich vorgeschriebenen gemeinnützigen und polizeilichen Gemeindebedürfnisse aller Gemeinden auf. Es sollte aber damit nicht gesagt sein, daß einzelne Gemeinden nicht über dieses Mindestmaß hinausgehen dürften; sobald vielmehr die lokale Entwicklung, kultureller und wirtschaftlicher Fortschritt, gesteigerter Verkehr, besondere Erscheinungen und Eventualitäten ein bestimmtes Bedürfnis immer dringender und allgemeiner erscheinen lassen, soll die Gemeinde in richtiger Erkenntnis ihres Selbstverwaltungsrechtes ihre Fürsorge auch auf dieses Gebiet erstrecken, in gemeinnütziger Weise und gegen geringe Entschädigung möglichst allgemein dieses gesteigerte Bedürfnis befriedigen, eventuell unter Ausscheidung des Bedürfnisses aus dem wirtschaftlichen Konkurrenzkampfe und unter Verzicht auf den bisherigen Gewinn, denn „es liegt in den öffentlichen Verpflichtungen der Gemeinden, das Gemeindevermögen zur Bestreitung der Gemeindebedürfnisse zu verwenden und jene Vorkehrungen und Anstalten zu treffen, welche im Interesse des allgemeinen Wohles für notwendig und förderlich erachtet werden": OGH. VI, 881. Der Art. 38 setzt somit lediglich die Untergrenze fest für die Gemeindebedürfnisse, läßt aber der Gemeinde bezüglich der Erweiterung ihrer Aufgaben und Ziele völlig freie Hand.

Unter den Gemeindebedürfnissen des Art. 38/29 GemO. befindet sich lediglich die Sorge für die Unterhaltung und Reinlichkeit der öffentlichen Brunnen und Wasserleitungen, nicht aber auch die Pflicht zur

Herstellung derselben. Trotzdem sind viele Gemeinden in selbständiger Erweiterung ihrer Gemeindebedürfnisse zur freiwilligen Einrichtung einer Wasserversorgung geschritten, haben die Benützung dieser gemeindlichen Anstalt allgemein geregelt und gegen geringe Gebühr allen Einwohnern zugänglich gemacht.

Soweit läßt sich schon eine Abgrenzung zwischen den beiden Formen der Benützung feststellen: Die privatrechtliche Form entspricht einem einfachen und durchaus nicht immer allgemeineren Bedürfnisse, ja gerade das Luxusartige desselben, sei es auch seitens eines größeren Kreises von Interessenten und Konsumenten, ist bezeichnend; es wird sich deshalb diese Form äußerlich in der Regel als ein gemeindliches Erwerbsunternehmen mit der Absicht möglichst großen Gewinnes qualifizieren. Die Gemeinde beteiligt sich als juristische Person wie ein Privatunternehmer an dem allgemeinen wirtschaftlichen Wettbewerb und überläßt die Früchte ihrer Unternehmung, das Wasser, den einzelnen Abnehmern durch privatrechtlichen Vertrag zu jeweils zu vereinbarenden Bedingungen.[1]) Der Charakter eines solchen Vertrages ist ein privatrechtlicher: VGH. XII, 63; Streitigkeiten kompetieren vor die Zivilgerichte. Inhalt des Vertrages ist einerseits die Belastung der gemeindlichen Leitung mit der Pflicht der Abgabe einer bestimmten Wassermenge, andrerseits die Bezahlung eines jährlich zu entrichtenden Kaufpreises und vielleicht auch einer einmaligen Geldsumme bei Vertragsabschluß. Es liegt nun im freien Willen der Kontrahenten, bei diesem Vertrage entweder den Kauf des Wassers als wesentliches Moment zu betonen oder die Begründung eines dinglichen Rechtes an der Wasserleitung auf Zuführung einer bestimmten Wassermenge, also den Vertrag in die Form der Reallast zu kleiden. Gegen letztere Fassung sprechen aber vor allem Zweckmäßigkeitsgründe, weil hierdurch die Begründung, Aenderung und Aufhebung solcher Wasserbezugsrechte erschwert und verteuert wird. Es erscheint aber auch gerade die Form einer Reallast als ziemlich unpassend gegenüber dem vorliegenden Vertragsinhalte. Die Gemeinde wird ja meist durch besondere Kautelen sich gegenüber Forderungen aus Unregelmäßigkeiten, die jede Wasserleitung mit sich bringen kann, vertraglich sicherstellen und das dingliche Zugriffsrecht berechtigterweise möglichst auszuschalten trachten; hiermit wird aber gerade diese Form ihres wesentlichsten Vorzuges wieder entkleidet; so wirkt die Form nur als Ballast; es ist deshalb der reine Kaufvertrag zu empfehlen; die zu treffenden Bestimmungen und besonderen Vereinbarungen fügen sich in den Rahmen der §§ 433 ff. BGB. zwanglos ein.[2])

Die Aufsicht und Leitung eines solchen wirtschaftlichen Unternehmens erfolgt durch den Magistrat als das durch die Gemeindeordnung berufene Organ: Art. 84 GemO., denn die öffentlichrechtliche

---

[1]) Uebereinstimmend v. Kahr, Komm. z. GemO. I, S. 408, zu Art. 40 GemO.

[2]) Für diese Ansicht: Staudinger Komm. z. BGB. 2. Aufl. II. Bd. b S. 203, zu § 535; Bl. f. RA. 63, 326; hiegegen in einem speziellen Falle OGH. 15, 433.

und privatrechtliche Persönlichkeit der Gemeinde sind nur verschiedene Aeußerungen einer und derselben Körperschaft.

Die privatrechtliche Regelung eines Wasserversorgungsunternehmens findet sich bei dem zunehmenden allgemeinen Bedürfnisse nach Wasser nur sehr selten und dann meist nur in den Fällen, bei denen sich die Anwendung der gemeindlichen Finanzhoheit ausschließt, so, wenn die Wasserwerke privaten Unternehmern oder Gesellschaften gehören.

Die zweite Form der Benützung ist die freiwillige öffentlichrechtliche, geregelt durch die Finanzhoheit der Gemeinde. Der zum öffentlichen Bedürfnis gewordene Wunsch nach Wasser erfordert eine besondere Sorgfalt der Gemeinde in Erwägung der steuerpolitischen Momente. Die allgemeine Zugänglichkeit, die geringe Höhe der Kosten für den einzelnen Wassergast und besonders die Gleichheit aller einzelnen Momente bei fast jedem Benützer der Anlage rechtfertigen den in die bestimmte Form des Statutes gekleideten allgemein gesetzgeberischen Willen der Gemeinde, wonach die Gemeinde für alle Wasserabnehmer die Bedingungen der Wasserabgabe einheitlich und autoritativ festsetzt.

Die Beschlußfassung über Einführung oder Erhöhung örtlicher Abgaben steht in Gemeinden mit städtischer Verfassung dem Magistrat: Art. 84 GemO., unter Zustimmung der Gemeindebevollmächtigten: Art. 112, 10 GemO., in Landgemeinden der Gemeindeversammlung: Art. 40, III, l. c. zu. Die Vertretung der Gemeinde, die Verwaltung und Unterhaltung der Anstalten, sowie der Erlaß der statutarischen Bestimmungen außerhalb des den Gemeindebevollmächtigten ausdrücklich übertragenen Mitwirkungsrechtes steht dem Magistrat nach Art. 84 GemO. zu; hierher gehört die Regelung der Rechte und Pflichten, die sich aus der Natur der Anstalt und der besonderen Art ihrer Benützung ergeben. Die Verwaltung der Anstalt untersteht der Oberaufsicht des Staates. Für die Pfalz ist Art. 31, I GemO. maßgebend.

So entsteht ohne irgendwelche Mitwirkung des Wassergastes das gemeindliche Statut, dem sich derjenige unterwerfen muß, der die Wasserleitung benützen will. Es erübrigt noch den Rechtsakt zu würdigen, durch welchen der Wassergast zum Wasserbezug zugelassen wird.

Die gemeindliche Wasserleitung hat, wie schon hervorgehoben, den Charakter einer gemeinnützigen Anstalt. Ihre Benützung kann, was vorausbemerkt werden mag, mangels einer gesetzlichen polizeilichen Bestimmung nicht zwangsweise angeordnet werden. Somit ist die Anschlußerklärung des einzelnen Wassergastes in das freie Belieben desselben gestellt, er kann die Wasserleitung benützen oder nicht. Will er nun Wasser von der gemeindlichen Leitung beziehen, so muß er eine Erklärung abgeben, worin er um den Bezug einer gewissen Wassermenge nachsucht und sich im übrigen mit den im Statute enthaltenen Rechten und Pflichten einverstanden erklärt. Der Magistrat prüft das Gesuch und läßt, wenn keine Gegengründe bestehen, den Gesuchsteller zum Wasserbezug zu. Hiermit ist der Rechtsakt perfekt geworden, die öffentlichrechtliche Bindung für die Beteiligten tritt ein.

Dieser Vorgang ist ein Vertrag. Das Statut kann als Offerte angesehen werden, das Gesuch des künftigen Wassergastes ist der Vertragsantrag, die Genehmigung desselben die Vertragsannahme. Dem steht nun nicht entgegen, daß das Gesetz die Wirkung dieses Rechtsaktes in das Gebiet der gemeindlichen Finanzgewalt verweist. Denn der Vertrag ist bloß eine Form und als Vertrag überhaupt nur eine leere Form. Sie paßt sich ebensogut dem öffentlichrechtlichen wie dem privatrechtlichen Inhalte an; „die Form vermag der öffentlichrechtlichen Natur der Festsetzung der Verhältnisse keinerlei Eintrag zu tun, da dieser Rechtstitel der administrativen Ordnung der öffentlichen Rechtsangelegenheiten nicht minder zugrunde gelegt werden kann wie der privatrechtlichen." [1])

Maßgebend bei der Prüfung der Frage, ob ein öffentlichrechtliches oder privatrechtliches Rechtsverhältnis vorliegt, ist allein der Inhalt des Vertrages.[2]) Die innere Natur desselben beruht aber in einer Verpflichtung gegenüber der gemeindlichen Finanzhoheit, ein zweifellos öffentlichrechtliches Verhältnis.[3]) Diese Rechtsverhältnisse sind wegen ihrer Bedeutung für die Allgemeinheit durch die Gemeindeordnung aus der zivilgerichtlichen Zuständigkeit herausgenommen und mit öffentlichrechtlichen Garantien und Machtbefugnissen ausgerüstet worden. Ueber die Oeffentlichrechtlichkeit des Inhaltes kann kein Zweifel bestehen. Für die Richtigkeit dieser Anschauung spricht auch die Entscheidung des VGH. in XII, 65: „Bei Entfaltung dieser autonomen Tätigkeit — Erlassung allgemein verbindlicher Anordnungen — steht die Gemeinde als Korporation über ihren Angehörigen; erst wenn sie auf Grund derartiger Rechtsnormen wirklich schon in Beziehungen zu bestimmten einzelnen Gemeindegliedern getreten ist, stehen ihr letztere gleichberechtigt gegenüber."

Der Rechtsakt ist somit als öffentlichrechtlicher Vertrag anzusehen; der allgemeine rechtliche Inhalt des Vertrages bestimmt sich nach Art. 40 GemO., nicht nach den Vorschriften über den Kauf, § 433 ff. BGB.

Aus der Eigenart dieses Rechtsverhältnisses ergibt sich auch eine besondere Zuständigkeit.

Die Festsetzung dieser Rechtsverhältnisse durch die Gemeinde hat den Charakter eines Gemeindeverwaltungsbeschlusses in eigentlichen Gemeindeangelegenheiten, niemals aber den eines instanziellen Beschlusses.[4]) Es ist deshalb ein Rekurs nicht notwendig, wie gegen instanzielle Entscheidungen, die mit der Rechtskraft unanfechtbar werden. Es kann aber die Staatsaufsicht durch Dritte angerufen werden, wenn durch einen Beschluß der Gemeindebehörde oder der Gemeindeversammlung in einer eigentlichen Gemeindeangelegenheit ein Gesetz oder eine andere giltige Rechtsvorschrift des öffentlichen Rechtes zu ihrem Nachteil verletzt worden ist. Wegen bloßer Interessenverletzung kann die Staatsaufsicht nicht angegangen werden. Staatsaufsichtliches Einschreiten ist aber auch möglich, wenn sich Mängel und Vernachlässigungen der

---

[1]) KKGE. vom 7. Dezember 1869, RBl. 1870 S. 177. VGH. XXVII, 37; I, 224; VI, 87; XXII, 133; ähnlich auch OGH. 33. 2, 467.

[2]) KKGE. vom 15. März 1876. G. u VBl. 1876 Beil. Bd. VII S. 37.

[3]) VGH. XVII, 200; KKGE. vom 16. Januar 1865, RBl. S. 154 ff.

[4]) VGH. I, 65.

Wasserleitung ergeben: Art. 38, I, Art. 157, V, VI GemO. Gegen Verfügungen in Gegenständen der Staatsaufsicht über Gemeindeangelegenheiten kann durch die Gemeinde Rekurs ergriffen werden, wenn sie behauptet, daß durch solche Verfügungen das ihr gesetzlich zustehende Selbstverwaltungsrecht verletzt oder daß ihr eine gesetzlich nicht begründete Leistung auferlegt sei.

Solche Streitigkeiten über Rechtsansprüche des öffentlichen Rechtes kompetieren vor die verwaltungsgerichtlichen Instanzen. Hiebei sind unter Gemeindeangelegenheiten im Sinne Art. 10 Ziff. 2 VGHG. nur solche Angelegenheiten zu verstehen, welche ihre Grundlage in der öffentlichen Stellung der Gemeinde als öffentliche Korporation haben und hinsichtlich deren ihr grundsätzlich innerhalb der gesetzlich gezogenen Schranken und unter staatlicher Aufsicht das Verwaltungsrecht zusteht.[1])

Die Entscheidung über bestrittene Rechtsansprüche und Verbindlichkeiten hinsichtlich der Benützung von Gemeindeanstalten erfolgt nach Art. 8 Ziff. 31 VGHG. ebenfalls im verwaltungsrechtlichen Verfahren. Streitigkeiten dieser Art sind erst dann gegeben, wenn die Leistungspflicht bestimmter Personen in Anspruch genommen und von diesen in Widerspruch gezogen ist. Der verwaltungsrechtlichen Zuständigkeit steht der Umstand nicht entgegen, daß sich etwa der erhobene Rechtsanspruch auf die Freiheit von der Gefällsverbindlichkeit auf einen mit der Gemeinde geschlossenen Vertrag gründet.[2]) Auch die Verpachtung der Gebühren an eine Privatperson durch die Gemeinde ändert nichts an dem verwaltungsrechtlichen Charakter der Verbindlichkeit zur Leistung dieser Gebühren.[3]) Bei einem derartigen Verwaltungsrechtsstreit ist die Gemeinde Partei und steht demgemäß die Auslegung eines Statutes nicht mehr der Gemeinde, sondern dem Verwaltungsrichter zu.[4]) Der verwaltungsrichterlichen Prüfung der Rechtsgiltigkeit des Statutes, die durch das vorschriftsmäßige Zustandekommen und die Einhaltung der Grenze der gemeindlichen Autonomie, bei ortspolizeilichen Vorschriften außerdem durch die vorschriftsmäßige Verkündung bedingt ist, steht die Erteilung der Genehmigung des Statutes nach Art. 159, 6 GemO. nicht entgegen. Doch kann sich die verwaltungsrichterliche Entscheidung nur auf den vorliegenden Fall erstrecken und muß die allenfalls notwendige Abänderung des für gesetzwidrig befundenen Statutes denjenigen, die es erlassen haben, und den zuständigen Aufsichtsstellen überlassen bleiben.[5]) Einwendungen, die sich auf Privatrechtstitel stützen, sind der Zuständigkeit der Zivilgerichte vorbehalten.[6]) Ist bei Streitigkeiten aus dem Statute infolge nicht bezahlter Schuld fälschlich eine Klage bei dem Zivilgerichte erhoben, auf Grund nicht passender Zivilrechtsbestimmungen durchgeführt und die Klage abgewiesen worden, hat ferner die Entscheidung Rechtskraft erlangt, so ist „mangels des sofortigen Beschreitens des richtigen

[1]) VGH. XXIV, 370.
[2]) OGH. 11, 68, 20; 12, 75.
[3]) VGH. I, 152.
[4]) VGH. V, 243.
[5]) VGH. XXIV, 139.
[6]) VGH. I, 152. OGH. V, 224, 271.

Verwaltungsrechtsweges und mangels erhobenen positiven Kompetenzkonfliktes eine res iudicata geschaffen", die auch den Verwaltungsrichter bindet, der dann die Absperrung der Wasserleitung wegen dieser Schuld nicht mehr zulassen darf. Auch einredeweise darf dieser Anspruch auf Berichtigung der rückständigen Kosten nicht mehr geltend gemacht werden.[1])

In der Pfalz ist bei Streitigkeiten über die Bedeutung oder Auslegung der geltenden Gebührentarife gemäß Art. 32, V pfälz. GemO. der Zivilrichter zuständig. Streitigkeiten über die Berechtigung einer Gemeinde zur Erhebung örtlicher Aufschläge dagegen sind im verwaltungsrechtlichen Wege zum Austrage zu bringen.[2])

Die jeweiligen Rechtsverhältnisse sind allein auf Grund der in Frage kommenden Gesetze und der Statuten zu entscheiden; zivilrechtliche Analogien sind zu vermeiden. Ein gut ausgearbeitetes Statut wird neben den einzelnen Bestimmungen gewisse Grundzüge erkennen lassen, nach denen zweifelhafte und vielleicht im Statut nicht vorgesehene Fälle geeignet zu behandeln sind. Besonders zu warnen ist aber bei Abfassung von Statuten vor Aufzählungen bestimmter Fälle, wodurch man gerne die Präzisierung des Grundgedankens umgeht, dabei aber große Gefahr läuft, daß die genannten Fälle als ausschließend aufgezählt angesehen und andere notwendig analog zu behandelnde ausgeschlossen werden. Es ist immer im Auge zu behalten, daß das Statut eine Rechtsquelle für sich ist und schon deshalb, auch hinsichtlich der Grundgedanken, möglichst erschöpfend sein muß.

Bei der Auslegung der Statuten sind die Worte zuerst in ihrem natürlichen, gewöhnlichen Sinne zu nehmen; erst dann, wenn die Worte so einen annehmbaren und sicheren Sinn nicht geben oder wenn Anhaltspunkte dafür vorliegen, daß ein von dem gewöhnlichen Sinne abweichender Inhalt beabsichtigt war, ist der mutmaßliche Wille zu erforschen. Bei Auslegung verschiedendeutiger Ausdrücke ist zuerst der Sinn derselben nach dem Inhalt und der Tendenz des betreffenden Unterabschnittes zu ermitteln und hienach das Wort zu erklären; ergibt dies noch kein befriedigendes Resultat, so sind die allgemeinen Gesichtspunkte zu Hilfe zu ziehen und diejenige Auslegung ist zu wählen, die sich ihnen am besten und zweckdienlichsten unterordnet.

Es wurde oben schon kurz erwähnt, daß nach Art. 40/31 GemO. „die Gemeinden zur Erhebung von örtlichen Abgaben für die Benützung ihres Eigentums, ihrer Anstalten und Unternehmungen befugt sind, soweit nicht Gesetze oder Staatsverträge entgegenstehen."

An diesen Artikel knüpft sich ein lebhafter Streit über den Umfang des gemeindlichen Abgabenerhebungsrechtes. v. Seydel[3]) und v. Kahr[4]) stehen auf dem Standpunkte: Mit Ausnahme des Bedingungssatzes am Schlusse des Art. 40, I l. c. ist keine sichtbare allgemeine Grenze gezogen. Das gemeindliche Abgabenerhebungsrecht gehört demnach in seinem ganzen Umfange in den Bereich des gemeind-

[1]) VGH. XVII, 200.
[2]) VGH. XVIII, 161.
[3]) Bayerisches Staatsrecht II. Bd. S. 628 Anm. 5.
[4]) Komm. z. GemO. I S. 408/09.

lichen Selbstverwaltungsrechtes nach Art. 1 GemO.; es steht also den Gemeindebehörden frei, für ihr Eigentum, ihre Anstalten und Unternehmungen, selbst wenn sie zu Erwerbszwecken dienen, öffentlichrechtliche Abgaben zu erheben.

Auch die Rechtsprechung des VGH.[1]) und mit ihr die gesamte Praxis legen den Art. 40 l. c. im Sinne eines völlig freien Verfügungsrechtes aus. Ein letzter Grund oder Gesichtspunkt für eine weitere Abgrenzung, vielleicht gegenüber privatwirtschaftlichen Einnahmen, ist nach dieser Ansicht nicht gegeben; das völlig freie Ermessen ist vielmehr unbeschränkt.

Dies war auch jahrelang die alleinherrschende Ansicht.

In der neueren Zeit wurden mit dem Wachsen des unvergeltbaren Aufwandes seitens der Gemeinden die Sorge für die finanzielle Deckung dieser neuen Bedürfnisse lebhafter. Man benützte das öffentliche Abgabenerhebungsrecht auch häufig zur Sicherung privatwirtschaftlicher Einnahmen. Angesichts dieses umfangreichen Gebrauches, welchen die Gemeinde von ihrem Rechte machte, setzte eine Gegenströmung ein, die auf verschiedenem Wege das gemeindliche Abgabenerhebungsrecht einschränken wollte. Nach der einen Ansicht sollten Abgaben nur erhoben werden bei Zwangsbenützung, eine Möglichkeit, die von dem Oberlandesgericht Zweibrücken in dem Urteil vom 6. Dezember 1904[2]) und von von der Pfordten[3]) gestreift worden ist; ferner wurde behauptet, das Abgabenerhebungsrecht sei an die Verwirklichung wesentlicher Gemeindezwecke gebunden[4]) oder, was ungefähr das Gleiche ist: nur die in Art. 38 GemO. aufgeführten Zwecke berechtigten zur Abgabenerhebung.[5]) Auch diesen Gedanken hat von der Pfordten l. c. gestreift. Zuletzt wurde die Forderung laut, Abgaben sollten nur für polizeiliche und Wohlfahrtszwecke, also nur für öffentliche Interessen erhoben werden, unter anderen auch von der Pfordten und OLG. Zweibrücken l. c.; Stumpf, Ueber den Begriff der Gemeindeanstalt nach bayerischem Gemeinderecht in BlAdmPr. LVII S. 1 ff. Hiermit stimmt auch die Definition des Begriffes „Anstalt" in „Das Recht der Schiffahrtsabgaben in Deutschland" in ‚Staat und Wirtschaft' von Piloty überein: S. 35 ff.

Die erste Ansicht, Abgaben dürften nur erhoben werden, wenn die Zwangsbenützung der betreffenden Anstalt statuiert sei, findet im Gesetze keine sichtbare Stütze; sie kann aber auch nicht indirekt aus demselben gefolgert werden, im Gegenteil, sie verliert bei näherer Betrachtung der einschlägigen Art. 159, 112 und 40 völlig an Wahrscheinlichkeit. Nach Art. 159, 6 ist die Regulierung der Gebühren für die Benützung von Gemeindeanstalten an die staatsaufsichtliche Genehmigung gebunden, wenn die Benützung den Be-

---

[1]) VGH. VII, 107, IX, 420, besonders aber XXVIII, 80.

[2]) BayZfR. 1905 S. 132 Spalte 2, C, S. 134 1. Spalte. Schluß.

[3]) Kommentar zu den Bayer. Ausführ.Vorschr. z. Gesetz über die Zwangsversteigerung und die Zwangsverwaltung. 1. Aufl. zu § 10 Ziff. 3.

[4]) Eheberg, Finanzwissenschaft 1906 pag. 487, 136

[5]) OLG. Zweibrücken, l. c. S. 134 1. Spalte 11. Zeile.

teiligten zur Zwangspflicht gemacht ist. Dieser Bedingungssatz wäre nun völlig überflüssig, wenn Abgaben nicht auch bei anderen Gelegenheiten erhoben werden könnten. Die Wahrscheinlichkeit dieser Deutung bestärkt sich durch Art. 112 Ziff. 10, wonach der Magistrat die Zustimmung der Gemeindebevollmächtigten zu erholen hat bei Regulierung der Gebühren für die Benützung gemeindlichen Eigentums, der Anstalten und Unternehmungen der Gemeinde; hier fehlt also der Bedingungssatz. Hiemit muß es sich hier nicht um eine Zwangsbenützung, sondern um eine freiwillige Benützung gemeindlicher Anstalten handeln. Die verschärfte Garantie des Art. 159, 6 und 91, 6 GemO. hat auch gegenüber der Zwangsbenützung mit ihren einschneidenden Wirkungen ihren genügend gerechtfertigten Grund; die Motive sprechen sich darüber deutlich aus. Diese Teilung in freiwillige und Zwangsbenützung findet übrigens ihr Analogon bei den Innungen: Art. 81 ff. GewO.[1])

Auf einem anderen Wege kommt man zu demselben Resultate: Die Zwangsbenützung kann, wie schon erwähnt, nur auf Grund einer polizeilichen gesetzlichen Vorschrift festgesetzt werden; also muß jede Zwangsbenützungsanstalt polizeilichen Charakter haben; Gemeindebedürfnisse sind nun nicht nur polizeiliche, sondern auch gemeinnützige Bedürfnisse. Da das Abgabenerhebungsrecht aber zur Befriedigung beider Arten von Bedürfnissen dient, wie aus der Kapitelüberschrift zu Art. 40/31 GemO. im Vergleich mit der Abschnittsüberschrift von Art. 38/29 l. c. hervorgeht, so ist der Schluß gerechtfertigt, daß Abgaben auch für eine andere als zwangsweise Benützung gemeindlicher Anstalten vorgesehen sind.

Bei dem immerhin nicht weiten Gebiete polizeilicher Anstalten wäre auch die Bemerkung, die in der K. d. R. zu Art. 40, I GemO. gemacht wurde, daß dem gemeindlichen Besteuerungsrechte ein weiter Spielraum eröffnet ist, nicht gerechtfertigt.

Aus all diesen Gründen ist diese Auffassung über die Begrenzung des gemeindlichen Abgabenerhebungsrechtes durch den Charakter der Zwangsbenützung als zu eng abzulehnen. Diese Ansicht wird bestärkt durch die folgenden Ausführungen.

Noch problematischer wäre die Berechtigung der eben erwähnten Bemerkung in der K. d. R. dann, wenn gemeindliche Abgaben nur für notwendige Gemeindezwecke erhoben werden dürften. Die in Art. 38 GemO. genannten „Obliegenheiten aller Gemeinden" wären nicht durchweg zur Abgabenerhebung geeignet. Es kämen nur die Unterhaltung der Brunnen, Wasserleitungen und Abzugskanäle, die gemeindlichen Wege, Brücken und Stege, sowie die Fähren in Betracht. — Aber auch die Fassung des Art. 159, 6 und 91, 6 GemO. dürfte berechtigte Zweifel an der Richtigkeit dieser Ansicht rechtfertigen, da die Statuierung einer Zwangspflicht in nur einem oder zwei Fällen, die dann nämlich übrig geblieben wären, wohl hätte namentlich genannt

[1]) Hiezu: Die deutschen Handwerker- und Arbeiterschutzgesetze von Nelken. Berlin 1901 pag. 74 ff.

werden können; es weist somit dieser Artikel auf eine größere Abgabenerhebungsmöglichkeit hin. — Die Festsetzung einer Grenze nach dem Rahmen des Art. 38/29 GemO. würde auch zu unerträglichen juristischen und wirtschaftlichen Härten, ja Inkonsequenzen führen insofern, als wohl für die Unterhaltung, nicht aber für die Herstellung gemeinnütziger Wasserleitungen öffentliche Abgaben erhoben werden dürften.

Nicht zu übersehen ist endlich, daß die in den Motiven erwähnten Gemeindeanstalten, bei denen Abgaben erhoben werden können, wie „Leichenhäuser, gemeindliche Wag- und Eichanstalten" nicht unter die in Art. 38/29 GemO. aufgezählten Fälle gehören.

Somit ist auch diese Ansicht als zu eng abzulehnen.

Falsch wäre es ferner, das gemeindliche Abgabenerhebungsrecht auf die Basis des politischen Gemeindeverbandes stellen und so durch das Erfordernis der Zugehörigkeit der Benützer zum öffentlichrechtlichen Verbande beschränken zu wollen. Gibt es doch verschiedene Gemeindeanstalten, die naturgemäß auch von anderen Einwohnern, die nicht gerade Gemeindebürger sind, benützt werden und benützt werden müssen, wie Leichenhäuser, Waganstalten und andere mehr. Manchmal müssen solche Einrichtungen gerade von Auswärtigen benützt werden, wie Lagerplätze, Schrannen- und Marktplätze. Nicht bloß bei diesen, polizeilichen Gesichtspunkten dienenden Einrichtungen, sondern auch bei Wohlfahrtsunternehmungen wird eine Gemeinde, schon wegen des gemeinnützigen Zweckes, Ortsanwesende, die nicht Gemeindebürger sind, nicht von der Benützung ausschließen, wiewohl sie natürlich nicht gezwungen werden kann, Nichtbürger teilnehmen zu lassen. Bezüglich der Wasserleitungen hat der VGH. in dem Falle I, 402 auch ausgesprochen, daß „gemeindliche Wasserleitungen und öffentliche Brunnen einen Bestandteil des gemeindlichen Grundstockvermögens bilden mit der Bestimmung für den allgemeinen, öffentlichen Gebrauch ohne Rücksicht auf die Gemeindeangehörigkeit und Stellung des Benützenden im Gemeindeverbande". Da ferner keine Vorschrift die genannte Hypothese stützt, ist sie bei dem dem Zwecke der Gemeinnützigkeit entgegenwirkenden Charakter zu verwerfen.

Es bleiben somit noch zwei Ansichten übrig: Die eine, daß die Gemeinde auf Grund ihres Selbstverwaltungsrechtes völlig frei für die Benützung gemeindlichen Eigentums, gemeindlicher Anstalten und Unternehmungen Abgaben erheben kann; die andere, daß der Gemeinde diese Befugnis nur für öffentliche Interessen zusteht.

Während die erstere Ansicht auf eine juristisch formale Auffassung über die Auslegung des Art. 40 GemO. sich stützt, sprechen für die zweite gewichtige sozialpolitische Gründe. Es soll nun im Folgenden untersucht werden, inwieweit ihr juristisch eine Berechtigung zugesprochen werden kann.

Das Gesetz bietet zunächst keine Stütze; es ist deshalb auf die Motive zurückzugreifen. Zuerst mag eine Bemerkung bei Art. 33, dem jetzigen Art. 39 GemO. Erwähnung finden: „Der Entwurf beabsichtigt nicht, die Einkünfte der Gemeinde in irgend einer Weise zu schmälern; es ist daher insbesonders den Gemeinden gestattet, für die Benützung besonderer Gemeindeanstalten .... nicht nur die etwa hergekommenen Gebühren zu erheben, sondern auch neu zu regeln und einzuführen, soweit dies mit der Zweckbestimmung derartiger Einrichtungen und dem öffentlichen Interesse vereinbar ist."

Zunächst muß nun zugegeben werden, daß hier weder von privatwirtschaftlichen Einnahmen, noch von deren Abgrenzung gegenüber dem öffentlichen Rechte gesprochen ist. Zweck dieser Bemerkung ist vielmehr nur die Feststellung der allgemeinen Zulässigkeit von Abgaben überhaupt. Was die „Vereinbarlichkeit mit dem Zwecke" anlangt, so ist es eine sowohl bei öffentlichen als bei privatrechtlichen Leistungen notwendige Voraussetzung, daß nach der vorliegenden Bestimmung des Gegenstandes oder der Einrichtung eine Benützung seitens Dritter überhaupt erfolgen kann. In diesem Sinne würde die Bestimmung etwas Selbstverständliches sagen. Darauf wird auch wohl nicht der Hauptwert zu legen sein; vielmehr wäre wohl eine Gebühr dann als zweckwidrig zu bezeichnen, wenn sie z. B. erhoben würde für Benützung polizeilicher Anstalten, die dazu da sind, augenblicklichen Gefahren vorzubeugen; es dürfte also der Zweckbestimmung widersprechen, für die Aufstellung von Warnungstafeln oder Benützung einer Feuerlöschanstalt Gebühren einfordern zu wollen.

Den gemeinnützigen Anstalten gegenüber, die dazu da sind, von Dritten benützt zu werden, und zwar aus vorwiegend wirtschaftlichen, nicht aber polizeilichen Rücksichten, dürfte deshalb diese Bedingung weniger einschneidenden Wert besitzen; wohl aber die zweite, die „Vereinbarlichkeit mit dem öffentlichen Interesse". Man könnte zwar aus der Wortstellung schließen, daß ein öffentliches Interesse jeweils nur ganz allgemein und nicht bei „derartigen Einrichtungen" in Frage zu kommen habe, so daß also Gebühren auch bei privatwirtschaftlichen Unternehmungen erhoben werden könnten, wenn nur nicht das außerhalb liegende öffentliche Interesse dadurch berührt werde. Diese Unterstellung würde den Fall decken, daß eine gemeindliche Gas- oder Elektrizitätsanstalt die Straßen beleuchtet und, soweit sie außerdem noch Licht zur freien Verfügung hat, solches auf Verlangen Privaten gegen Gebühr abgibt.

Doch gibt es auch eine andere Deutung, die ebenfalls einen sehr guten Sinn im Lichte der entgegenstehenden Theorie gibt. Geht man nämlich von der Voraussetzung aus, die auf den ersten Blick bei der in Frage kommenden Stelle gegeben erscheint, daß das öffentliche Interesse bei sämtlichen Fällen der Gebührenerhebung vorliegen müsse, so bedeutet diese Bedingung eine sehr wertvolle Abgrenzung des gemeindlichen Abgabenerhebungsrechtes in bezug auf das Maß, m. a. W., die Gemeinde hat jeweils die Stärke des Bedürfnisses, die Zahlungsfähigkeit der Abnehmer, den kulturellen und wirtschaftlichen Stand der Gemeinde, die notwendige Hebung derselben aus irgend einem, sei es auch nur gewerblichen Gesichtspunkte, kurz alle diese Momente steuerpolitischer Art genau zu prüfen und auf Grund dieser Faktoren eine möglichst allgemeine Befriedigung des Bedürfnisses trotz der Sorge für die Deckung der Ausgaben anzustreben.

So verstanden würde diese kurze Bemerkung weiterhin den schon angedeuteten Gegensatz zwischen gemeinem und fiskalischem Interesse klarstellen und die Bedeutung einer gemeinnützigen Anstalt betonen. Im Zusammenhalt damit ist zu erwähnen die Fassung des Art. 108, 7 nach dem Entwurfe, jetzt Art. 112, 5 GemO. Er lautete: „Der Gemeinderat ist verpflichtet, außer den gesetzlich bestimmten besonderen Fällen mit den Gemeindebevollmächtigten ins Benehmen zu treten bei Gründung neuer Gemeindeanstalten für unmittelbar gemeindliche oder polizeiliche Zwecke. Die Vermutung, daß die unmittelbar gemeindlichen Zwecke den gemeinnützigen Zwecken gleichzusetzen sind, wird nicht nur aus dem Zusammenhange der vorgehenden Erläuterungen wachgerufen, sie wird auch bestärkt durch die Weglassung der beiden Zwecke im Texte der endgiltigen Fassung, die mit der Selbstverständlichkeit begründet wurde. Diese beiden Zwecke kehren übrigens öfter nebeneinander im Gesetze wieder; so liegen sie dem Art. 38, sowie der Teilung in eigentliche Gemeindeangelegenheiten und in die Polizei zugrunde.

Zu demselben Art. 33 d. E., Art. 39 GemO. wurde im besonderen Ausschuß der K. d. A. eine Bemerkung gemacht, die ebenfalls erwähnt werden muß. Abg. Bischof sagte: „Unter dem Ausdruck „Anstalten" in Abs. I des Art. 33 sind wohl auch solche zu verstehen, welche sonst nach anderen Bestimmungen unter die Gewerbe gezählt werden; ich erinnere z. B. an Gasanstalten." Diese Bemerkung fand im Ausschusse allgemeine Billigung. Zunächst erweckt diese Erläuterung den Anschein, als ob auch für privatwirtschaftliche Unternehmungen Gebühren erhoben werden könnten. Doch nach dem Wortlaut des Art. 39, I: . . . . . „aus den für die Benützung von Gemeindeanstalten festgesetzten Gebühren und sonstigen Erträgnissen dieser Anstalten" gehört diese Erläuterung eben nicht zu „Gebühren", sondern zu „sonstigen Erträgnissen"; darunter fallen nun auch privatwirtschaftliche Einnahmen.

Diese Stelle spricht somit für die zweite Ansicht, daß ein öffentliches Interesse bei der Gebührenerhebung vorliegen muß.

Für die soeben gestützte Ansicht zu sprechen sind weiter geeignet die in den Motiven bei Art. 33, jetzt Art. 39 angeführten Beispiele von Gemeindeanstalten, für deren Benützung Gebühren erhoben werden können; diese Anstalten dienen durchweg einem öffentlichen Interesse.

Des weiteren ist noch einmal von den steuerpolitischen Erwägungen zu sprechen. Diese erfordern, selbst jetzt schon in der Praxis, eine Scheidung der Leistungen aus Wohlfahrtsanstalten und der privatwirtschaftlichen Einnahmen, auch wenn beide dem Abgabenerhebungsrechte unterstellt werden. Wie schon hervorgehoben, erfordert ein Gemeindebedürfnis eine weitere Rücksichtnahme auf die allgemeine Benützbarkeit und zwar gerade durch die weniger gut situierten Klassen. Durch diese notwendige Forderung tritt als Konsequenz das Ablassen von dem Streben nach größtmöglichem Gewinne auf. Von selbst wird die Gemeinde durch die steuerpolitischen Erwägungen, die das bisherige luxusartige Bedürfnis zum Gemeindebedürfnis erheben, zum sogenannten

Entgelt- oder Kostendeckungsprinzip gedrängt, d. h. die Einnahmen sollen höchstens die Kosten des unvergeltbaren, gemeinnützigen Bedürfnisses decken, nicht aber Gewinn abwerfen. Es drängt also die Macht der Tatsachen allein schon nach einer Scheidung, selbst wenn man die rechtliche Zulässigkeit der Abgabenerhebung für privatwirtschaftliche Einnahmen zugeben will. Betrachtet man den Zweck einer einheitlichen, allgemeinen und autoritativen statutarischen Regelung im Zusammenhalt mit diesen steuerpolitischen Erwägungen von dem Gesichtspunkte der zweiten Ansicht aus, so gewinnt das gemeindliche Abgabenerhebungsrecht mehr Geschlossenheit und Bedeutung im Dienste der Gemeinnützigkeit; sie wird nur mehr als Wohltat und als Gesetzesbestimmung von echt sozialem Geiste empfunden, der unangenehme Beigeschmack der Finanzgewalt verschwindet. So betrachtet, erklärt sich auch die mangelnde Abgrenzung, die von den Anhängern der ersten Ansicht als Hauptargument ins Feld geführt wird; die Unterlassung der Abgrenzung wird sogar selbstverständlich. Nach außen und nach innen kann trotzdem allen Anforderungen einer gemeinnützigen Einrichtung genüge geschehen: Das äußere Zeichen der Erhebung eines Bedürfnisses zum gemeinen Bedürfnisse ist die statutarische Regelung; nach innen und wirtschaftlich wird der Zweck erreicht durch Verzicht auf Gewinn. Das gemeindliche Abgabenerhebungs- und Statutarrecht findet seine Erklärung in der Mäßigung der gemeindlichen Gegenforderung. Die differenzierte Ausbildung des Gebührenwesens erscheint ohnehin bei einem privatwirtschaftlichen Unternehmen mit Gewinnabsicht unnötig und kann lediglich den Zweck haben, in eingelebten Formen eine für die Gemeinden leichtere und sicherere Form der Beitreibung zu rechtfertigen. Der Schutz, den der Charakter eines öffentlichen Gefälles verleiht, ist überflüssig bei einem Gewinnunternehmen.

Nach der übereinstimmenden Ansicht der Finanzwissenschaftslehrer dienen die Gebühren und Beiträge zur Deckung des betreffenden Aufwandes, bei dem sie erhoben werden. Das Prinzip der Entgeltlichkeit, der Spezialdeckung gibt den Ausschlag. Des weiteren enthält das Gebührenprinzip den Satz, daß die erhobenen Abgaben den Kostenaufwand nicht überschreiten sollen. Damit ist gesagt, daß die Erhebung von Gebühren (nach Art. 40, I GemO.) für andere Zwecke ausgeschlossen ist; es widerspricht also, selbst vom volkswirtschaftlichen Standpunkte aus, bei privatwirtschaftlichen Unternehmungen mit Gewinnabsicht die Anwendung der Gebühren ihrem Wesen, da die Einnahmen die Kostendeckung überschreiten und zur Tilgung anderer Bedürfnisse dienen.

Zuletzt mag noch die Entscheidung des Verwaltungsgerichtshofes in XXIV S. 138 Erwähnung finden, in der ein beachtenswertes Zugeständnis zu der zweiten Ansicht gemacht wird und die zugleich das eben angeführte Argument stützt. Dort steht der Gerichtshof auf dem Standpunkte, daß ein „verschiedener Maßstab, der aus wesentlich voneinander abweichenden Grundsätzen für die Normierung der Leistung gegenüber der gleichen Gegenleistung ohne erwiesene Differenz des Kostenaufwandes für letztere hervorgegangen ist, von vornherein die erheblichsten Bedenken hervorrufen müsse". Auf S. 142 l. c. bezeichnet er das innere Wesen der Gebühren und Beiträge als „Gegenleistung" und sagt weiter unten, daß die örtlichen Abgaben des Art. 40, IV von den unter Art. 40, I GemO. normierten sich dadurch unterschieden, daß sie ohne wesentliche Anknüpfung von Gegenleistungen festgesetzt werden könnten, und daß an dem hergebrachten Charakter der Benützungsgebühr nichts geändert werden sollte.

Vor 1869 konnte eine Gemeinde für eine privatwirtschaftliche Unternehmung keine „Gebühr" erheben; damals galt die Gebühr noch strenger wie heute als öffentliche Abgabe; denselben Standpunkt teilte, wie oben bemerkt, die Finanzwissenschaft. In den „leitenden Gedanken" des Referates Edel zur GemO. ist wohl die unterschiedliche Stellung des Gemeindebürgers von der des Staatsbürgers betont, doch enthalten sie keinen Anhaltspunkt, aus dem auf eine Abänderung der Lehre über die Gebühren geschlossen werden könnte; man dürfte vielmehr das Wesen der Gebühren nicht haben berühren wollen. Wenn nun der VGH. sagt, daß an dem hergebrachten Charakter der Benützungsgebühr nichts habe geändert werden sollen, so schließt sich in der angedeuteten Verfolgung des Wesens der Gebühren ihre Anwendbarkeit auf privatwirtschaftliche Unternehmen aus. Diesen weiteren Schritt hat nun der VGH. nicht gemacht, da in dem speziellen Falle nicht gerade eine drängende Veranlassung hiezu vorlag. Nicht nur die Finanzwissenschaft, auch die Rechtswissenschaft hat, wenigstens früher durchweg, die Gebührenerhebung nur bei Gewährung eines speziellen Vorteils bei Erfüllung eines gemeinnützigen oder überhaupt öffentlichen Interesses zugelassen. So stand der öffentlichrechtliche Charakter einer Gebühr außer Zweifel und erklärt sich auch, daß derselbe trotz der weitspannenden Fassung des Art. 40, I GemO. nicht ausdrücklich betont werden mußte.

Die Verwirrung des Begriffes kam erst durch die gemeindliche Finanzausbeutung. Die gesetzgebenden Faktoren des Staates waren sich über den öffentlichrechtlichen Charakter der Gebühren in der staatsrechtlichen Behandlung klar, wie die Verhandlungen bezüglich der Erbauung der Eisenbahnen 1848 beweisen.

Daß die Gebührenerhebung begriffsnotwendig einzig und allein dem öffentlichen Rechte eigen ist, haben Piloty und Stumpf l. c. eingehend dargetan.

Angesichts dieser Ausführungen kann man sich dem Gedanken gegenüber nicht mehr verschließen, daß die zweite Ansicht nicht nur das Ergebnis einer wirtschaftlichen Forderung ist, sondern daß ihr allein die juristische Existenzberechtigung zukommt.

Auch manche andere Vorteile dürfte diese Lösung bieten, so eine reinliche Scheidung von öffentlichem und Privatrecht, eine systematische Durchführung des Kostendeckungsprinzipes auf dem keineswegs völlig geklärten Gebiete des Gebührenwesens; vielleicht hat die Durchführung dieser Ansicht auch einen günstigen Einfluß auf die Rechtsprechung im Konkurse insofern, als man für gemeinnützige Zwecke sich eher verstehen würde, das Vorzugsrecht des § 61 Ziff. 2 KO. zuzugestehen.

Dieser Streit berührt jedoch die Wasserversorgungsunternehmungen fast nicht, da ihre Gemeinnützigkeit nicht nur allseits anerkannt wird, sondern auch bei der Festsetzung der Gebühren in Rechnung gezogen wird. Schon in dem Falle I, 402 hat der VGH. betont, daß eine gemeindliche Wasserleitung als eine öffentliche gemeindliche Veranstaltung zur Befriedigung eines allgemeinen Bedürfnisses sich darstellt. Auch in der Bayer. Gemeindezeitung 1892 S. 652 ff. ist diese Eigenschaft anerkannt.. Was die Befolgung des Kostendeckungsprinzips anlangt, so ist mir kein Fall bekannt geworden, in dem eine gemeindliche Wasserversorgung über die Höhe des Aufwandes Kosten und Gebühren vereinnahmt. Die großen Versorgungen, wie z. B. München, schließen vielmehr mit einem Defizit ab.

Die Wasserversorgung stellt sich also als eine Gemeindeanstalt und zwar vorwiegend als öffentlichrechtliche dar. Ueber diesen Begriff der öffentlichrechtlichen Gemeindeanstalt sind noch einige Bemerkungen anzufügen, da meines Erachtens die Praxis nicht mit der genügenden Schärfe unterscheidet. Es kann nun zwar nicht in den Streit über die Begriffsumgrenzung der Anstalten überhaupt eingetreten werden; nur diejenigen Punkte sollen klar gestellt werden, die in dem Rahmen dieser Arbeit in Betracht kommen.

Nach richtiger Anschauung dürfte die öffentlichrechtliche Gemeindeanstalt zu betrachten sein als eine von der Gemeinde mit eigenem, dauernd hiefür sicher gestellten Vermögen, für einen bestimmten polizeilichen oder Wohlfahrtszweck getroffene, organisierte und dauernde Einrichtung zugunsten eines durch den Zweck von selbst bestimmten größeren oder geringeren Interessentenkreises, der aus der Unternehmung gegen eine fixierte Gegenleistung — Gebühr — einen speziellen Nutzen zieht.

Außer der mangelnden Festlegung des öffentlichen Zweckes werden besonders in der Vermögens- und Leitungsfrage viel zu weitgehende Zugeständnisse an die mitunter übertriebenen Forderungen der gemeindlichen Finanzorgane gemacht.

Das erste Erfordernis des öffentliches Zweckes ist im Früheren bereits genügend klar gestellt.

Die Deckung der Herstellungskosten der öffentlichen Anstalt erfolgt in der Regel aus vorhandenen gemeindlichen Kapitalien, besonders erhobenen Umlagen oder aufgenommenen Darlehen. Nun kann wohl eine Schenkung durch Private auch einem solchen Zwecke dienstbar gemacht werden, dann wird das geschenkte Vermögen — oder die geschenkten Einrichtungen — aber mit dem Uebergang gemeindliches und zwar öffentliches Eigentum. Es verträgt sich jedoch nicht mit dem Begriffsmerkmal der Dauer und dem Wesen einer Verwaltungsaufgabe, daß ein Vermögen durch Private nur widerruflich zur Verfügung gestellt wird; eine solcher Weise unterhaltene Anstalt könnte vielmehr nur eine private Anstalt sein.

Schwieriger ist die Lösung der Leitungsfrage. Der öffentliche Zweck erfordert nun vor allem zum mindesten eine stete Oberaufsicht der Gemeinde, der ja auch als unterstem Organ der Selbstverwaltung die Haftung für die Anstalt bleibt. Die Gemeinde bleibt wirtschaftlich

Unternehmerin, in ihrem Namen wird die Anstalt betrieben. Der sogenannte Unternehmer wird von vornherein auf das Niveau eines Lohnarbeiters heruntergedrückt, er wird der Selbständigkeit beraubt. Diese Unterordnung besteht aber nicht nur hinsichtlich der verantwortlichen Leitung, sondern auch bezüglich der finanziellen Durchführung. Es muß an der wesentlichen Forderung des Kostendeckungsprinzips festgehalten werden, daß nämlich die Kosten des Gemeindebedürfnisses durch die Anstellung dieser Zwischenperson nicht mehr als dringend nötig, erhöht werden und ganz besonders, daß der Dritte das Unternehmen nicht mit Gewinnabsicht betreibt. Das eigentliche Unternehmertum wird also völlig auszuschalten sein; die Fälle, in denen ein privater Unternehmer billiger arbeitet als eine Gemeinde, werden auf diesem Gebiete und bei dem jetzigen Stande der Technik wohl als geschichtlich angesehen werden dürfen. Man wird also sagen müssen: die gemeindliche Unternehmung ist nicht wegen des Unternehmers da, sondern vielmehr umgekehrt: der Zweck regiert den Unternehmer. Der sogenannte Unternehmer kann höchstens Vollstreckungsorgan des gemeindlichen Willens und zwar innerhalb der begrifflich gezogenen Grenzen sein; er kann ungefähr in demselben Rahmen und mit demselben persönlichen Interesse wie ein gemeindlicher Beamter an der Anstalt wirken. Diese Verfolgung des Wesens des unvergeltbaren gemeindliches Aufwandes führt zur klaren Erkenntnis, daß der gemeinnützige gemeindliche Aufwand dem Unternehmercharakter konträr entgegensteht.

Nach XXVII, S. 118 VGH. ist eine Gemeindeanstalt auch dann gegeben, wenn gegenüber einer anderen Gemeinde, die die erste Gemeinde mit Wasser versorgt, lediglich eine gemeindliche Garantie, aber keine bleibenden Ausgaben vorliegen, im übrigen aber die Wasserleitung in fremdem gemeindlichen Eigentum, unter fremder Aufsicht und Leitung steht, mit fremden Mitteln erbaut worden ist und unterhalten wird, und die Leitung als fremde Leitung Wasser an die Ortseinwohner der ersten Gemeinde abgibt. Ist diese Anschauung schon mit den obigen Gesichtspunkten unvereinbar, so dürfte zudem v. Seydel wohl mit Unrecht für diese Ansicht angeführt worden sein; denn abgesehen davon, daß die Definition einer Gemeindeanstalt nach Seydel BSt. II 627, 628 lautet: „Gemeindeanstalten sind alle zur Erreichung bestimmter Zwecke geschaffenen bleibenden Einrichtungen, die mit gemeindlichem Grundstockvermögen ausgestattet sind,“ hat sich v. Seydel auch in den Bl. f. a. Pr. 48, 177 ff. keineswegs zu einer so weiten Auslegung des Begriffes „Gemeindeanstalt“ bekannt.

Um noch auf die in den Bl. f. a. Pr.[1]) angeführte Regierungsentschließung, die der VGHE. XXI, 14 vorangegangen ist, zurückzukommen: es ist mir unerfindlich, wie sich ein prinzipieller Gegensatz zwischen Gemeindeanstalt und polizeilicher Verfügung statuieren läßt. Sollte diese Gegenüberstellung auf dem in der B. Gemeindezeitung 1892 S. 665 aufgestellten zwar nicht unrichtigen, aber einseitigen Satze beruhen, „daß die Gemeindeanstalten mehr oder weniger besonderen

[1]) l. c. 48 S. 197.

polizeilichen Normen unterliegende Einrichtungen seien," so würde infolge der Verkennung des überwiegenden gemeinnützigen Charakters einer Wohlfahrtsanstalt eine falsche Auffassung vorliegen; beschränkt sich diese Feststellung jedoch nur auf die polizeilichen Anstalten, so fällt die Untersuchung aus diesem Rahmen heraus.

2. Statuten und ortspolizeiliche Vorschriften.

Wenn die Statuten ihre Aufgabe erfüllen sollen, müssen sie eine möglichst durchgreifende, allgemeine Regelung anstreben; hierunter fällt nicht bloß die Zulassung eines möglichst großen Kreises von Teilnehmern an der gemeinnützigen Anstalt, sondern auch die klare Fixierung prinzipieller Gesichtspunkte; dies ist um so notwendiger, als das Statut eine Rechtsquelle für sich allein ist und aus sich allein heraus beurteilt werden muß. Wie schon erwähnt, beruht die Regelung auf dem autoritativ kund gegebenen Willen der gemeindlichen Organe. Die Gemeinde gewinnt hierdurch große Rechte, trägt aber auch eine große Verantwortlichkeit. Sie darf vor allem nie den Gesichtspunkt der Gemeinnützigkeit außer acht lassen. Neben der notwendigen Sicherung und Wahrung der gemeindlichen Rechte darf die Beaufsichtigung und die Handhabung der Vorschriften nie drückend oder für die Benutzbarkeit erschwerend wirken. Dieser oberste Grundsatz des öffentlichen Interesses ist in manchen Fällen verschieden von dem der Billigkeit des Zivilrechtes; es ist deshalb auch in dieser Richtung vor zivilrechtlichen Analogien zu warnen. Diese Erwägungen sind mit besonderer Sorgfalt zu treffen, da die Gemeinde einseitig die Rechtsquelle schafft, der Wassergast sich aber rechtlich nicht gegen solche Grundprinzipien der Selbstverwaltung wehren kann.

Mustergiltig sind die Münchener Statuten; sie haben auch einer Reihe von Städten als Vorbild gedient; hervorzuheben ist ferner ihre juristisch prägnante und gute Fassung.

Die Benützung der gemeindlichen Wasserleitung wird durch das Statut geregelt. Außerdem werden noch ortspolizeiliche Vorschriften zum Schutze der Leitung und zur Sicherung der Gefälle erlassen. Der wesentliche Inhalt dieser beiden autoritativen gemeindlichen Kundgebungen ist im Folgenden zu besprechen, soweit er juristisch von Bedeutung ist. Die Münchener Vorschriften werden mit gelegentlicher Hereinbeziehung anderer Statuten zugrunde gelegt.

Der wesentliche Inhalt der Statuten und ortspolizeilichen Vorschriften ist kurz folgender:

1. Voraussetzungen der Wasserabgabe und des Wasserbezuges.
2. Eigentumsverhältnisse, besonders Anschluß- und Hausleitungen.
3. Wasserabgabesysteme und besondere Vereinbarungen hierbei; ältere Rechte.
4. Haftung der Gemeinde und des Wassergastes.
5. Kündigung.
6. Die örtlichen Abgaben.

7. Mahngebühr und Beitreibung.
8. Die ortspolizeilichen Vorschriften und die Geldstrafen.
9. Anhang: Die Behandlung der örtlichen Abgaben bei Zwangsversteigerung und Konkurs.

In dieser Reihenfolge findet auch ihre Besprechung statt.

a) Die Voraussetzungen der Wasserabgabe und des Wasserbezuges.

Hierher gehören im wesentlichen:

a) Die allgemeine Umgrenzung des Wasserabgabebezirkes. Dieser Umkreis ist nicht nur mit Rücksicht auf die eventuellen Bedürfnisse, die gemeindepolitischen Möglichkeiten, sondern auch nach Maßgabe der Wassermenge festzustellen. Aber nur die Wasserabgabe innerhalb des Burgfriedens kann ohne weiteres unter die Form der Abgabe mit Gebühren nach Art. 40 GemO. gestellt werden.

b) Die Berechtigung zur Benützung der Wasserleitung; dieselbe wird meist jedem Ortsanwesenden gewährt, noch häufiger aber ausdrücklich auf jedes im Stadt- oder Gemeindebezirke gelegene Anwesen gelegt. Diese weite Ausdehnung ergibt sich aus dem gemeinnützigen Charakter des Unternehmens. Verpflichtet ist die Gemeinde zu dieser ausgedehnten Gestattung nicht; in Bayern kann lediglich der Bürger, in der Pfalz der Heimatberechtigte von der Benützung nicht ausgeschlossen werden, wenn die Voraussetzungen der Benützung bei ihm zutreffen.[1])

c) Der Haupt- oder Straßenrohrstrang muß in der betreffenden Straße, in der das zu versorgende Anwesen liegt, schon gelegt sein, oder der Eigentümer muß auf seine Kosten den Anschluß bis zum nächsten Rohrstrang herstellen.

d) Die Bindung der Rechte und Pflichten eines Wassergastes an den jeweiligen Besitzer des Hauses oder Anwesens, für das der Wasserbezug gewünscht worden ist, mit fortdauernder Haftung des Vorbesitzers für die Rückstände. Würzburg legt in § 3, IV seiner Wasserleitungsordnung dem Mieter und mit ihm dem Anwesensbesitzer die solidarische Haftung für die Zahlung der Wasserabgaben, sowie der etwaigen Leitungsreparaturen auf; § 3, VI setzt auch die Berechtigung zur Erhebung der Vorausbezahlung fest. Ob diese weitgehende Sicherstellung gegenüber den im Säumnisfalle auch oft zahlungsunfähigen Mietern eine wirklich durchgreifende Maßregel ist, ist recht fraglich. Im Interesse eines rascheren und sichereren Verfahrens und des Vermeidens einer möglichen Mitleidenschaft bei Streitigkeiten zwischen Mieter und Vermieter, sowie zur Vermeidung einer gewissen Nervosität erscheint der Weg, den München eingeschlagen hat, als der einfachere und wohl auch immer zum Ziele führende.

e) Außerdem wird auch noch zweckmäßig die Verpflichtung zur Einhaltung der statutarisch auferlegten Verbindlichkeiten aufgenommen.

---

[1]) VGH. XXVII, 119.

b) Eigentumsverhältnisse, besonders Anschluß- und Hausleitungen.

Das Eigentum der Gemeinde an der Wasserleitung umfaßt, außer sämtlichen Fassungs- und Zuleitungsanlagen, in der Gemeinde besonders den Hauptrohrstrang und die Straßenrohre.

Bezüglich der Anschluß- und Hausleitungen besteht das Prinzip, daß jeder die Möglichkeit, Wasser aus der städtischen oder gemeindlichen Leitung zu entnehmen, sich jeweils selbst auf seine Kosten verschaffen und forterhalten muß. Die Festsetzung dieser allgemeinen Bedingung rechtfertigt sich aus der Erwägung, daß das Statut die mit der Benützung der gemeindlichen Leitung verbundenen Rechte und Pflichten zu regeln hat.

1. a) Die Anschlußleitungen, die von den angebohrten Straßenrohren zu jedem einzelnen Anwesen führen, umfassen die Meßvorrichtungen, den Privatabsperrhahn bei der Wasserabgabe nach der Eiche und das Privathauptventil, bzw. die Hauptabsperrvorrichtung beim Wassermesser und bei Feuerlöschleitungen; wegen des direkten Anschlusses dieser Leitungen an das gemeindliche Rohrnetz werden dieselben auf Kosten der Anwesensbesitzer durch gemeindliche Beauftragte hergestellt und gehen, was besonders für die Unterhaltungsfrage von Belang ist, mit Ausnahme der Wassermesser in das Eigentum der Anwesensbesitzer über.

In Berchtesgaden werden dagegen die Anschlußleitungen auch Bestandteil der märktischen Anstalt: § 14, 1 des Statutes. In Wunsiedel (§ 4 Statut) wurde, um bei Gründung der Wasserleitung möglichst viele Anschlüsse zu erzielen, den Anwesensbesitzern, die sich sofort anschlossen, die im gemeindlichen Besitze befindliche Anschlußleitung kostenlos eingerichtet; dagegen wurde von Anwesensbesitzern, die um den Anschluß erst später nachsuchten, ein Beitrag erhoben. Solche Maßregeln werden von kleineren Gemeinden, denen die Finanzierung infolge nicht genügender Teilnahmefreudigkeit Schwierigkeiten bietet, nicht ungerne gewählt.

Hier mag noch angefügt werden, daß aus dem auf Grund eines Statutes erfolgten Anschlusse eines Anwesens an die Wasserleitung ein öffentlichrechtlicher Anspruch gegen die Gemeinde auf Verschaffung der jeweils für das Anwesen erforderlichen Wassermenge nicht abgeleitet werden kann:[1])

Die Anschlüsse an die bestehende Wasserleitung auf Grund des Statutes sind zweifellos öffentlichrechtlicher Natur.

b) Abgabe von Wasser, bei der vorher eine Erweiterung des Rohrnetzes durch Anschluß eines neuen Rohrstranges zu erfolgen hat, bedarf naturgemäß jeweils besonderer Vereinbarungen. Werden dieselben auf Grund und im Rahmen, den das Statut hierfür festsetzt, getroffen, so sind sie öffentlichrechtlich, andernfalls privatrechtlich. Hierbei ist zu unterscheiden zwischen alignementsmäßig hergestellten und nicht hergestellten Straßen. Ersteren Falls wird in München ein Zusammenschluß der an die anzuschließende Straße grenzenden Hausbesitzer veranlaßt; dieselben müssen sich nach einem Bausenatsbeschlusse

---

[1]) VGH. XXIII, 203.

verpflichten, über den Betrag der Wasserabgabe für ihren Bedarf hinaus noch diejenige Summe jährlich einzeln und samtverbindlich aufzubringen, die die 5 % Verzinsung des Anlagekapitals dieser Anschlußleitung ergibt. Ausgeschlossen von der Anrechnung der Mindestwasserzinse sind die Anwesen, die bisher schon durch Ueberleitung von anderen Rohrsträngen Wasser bezogen haben; nicht anzurechnen sind ferner die Wassermehrverbrauchskosten der neuangeschlossenen Anwesen, ebenso etwaige Ueberschüsse aus Wasserabgaben anderer neuangeschlossener Straßen.

Bei nicht geregelten Straßen-, bzw. Grundbesitzverhältnissen erfolgt ein Anschluß nur ausnahmsweise. Außer der Erfüllung obiger Bedingungen sind die Kosten für eine etwa später notwendig werdende Umlegung sicherzustellen, eventuell auch durch unverzinsliche Hypothekkaution auf den beteiligten Grundstücken.[1])

Mit Rücksicht auf die voll zu wahrende Freiheit der Gemeinde in bezug auf die zu errichtenden Anschlußleitungen wird die Regelung der Erweiterung meist nicht in das Statut aufgenommen, da sonst bei Erfüllung der Bedingungen ein Rechtsanspruch entstehen könnte, der die Freiheit des Bausenates beschränken könnte.[2]) Somit sind die meisten dieser Anschlußverträge mangels einer genügenden statutarischen Grundlage Privatrechtsverträge. Sie werden auf Grund anderer nichtstatutarischer Normen jeweils erst geschlossen; die Leistungen können deswegen auch nicht öffentlichrechtlich sein.[3])

c) Noch eine dritte Möglichkeit ist zu besprechen: Der Anschluß von Anwesen außerhalb des Gemeindebezirkes. So wird z. B. die Gemeinde Milbertshofen durch die Münchener Wasserleitung versorgt. Diese Regelung zwischen München und den Milbertshofener Einwohnern ist auf dem Wege privatrechtlichen Vertrages geschehen; auch der Wasserbezug ist privatrechtlichen Normen unterworfen, wenngleich die Gemeinde Milbertshofen die Regelung vermittelt hat und München den Wasserbezug auf Grund der durch das Münchener Statut getroffenen Bedingungen gewährt.

Die Leitung nach und in Milbertshofen ist im Eigentum von München, wird von München allein betrieben. Milbertshofen hat lediglich 10% Verzinsung des Anlagekapitals garantieren müssen, wogegen die Gemeinde gegenüber den Wassergästen sich durch hypothekarische Dispositionsbeschränkungen sicherte.

Sehr bald aber entstanden Schwierigkeiten gelegentlich der Erhebung der „Gebühren", d. h. der Wasserzinse, die München selbst besorgen sollte, sowie durch die meist mangelnde Kenntnis des Münchener Magistrates von einem in Milbertshofen stattfindenden Zwangsversteigerungsverfahren. Eine weitere, einstweilen nur theoretische Schwierigkeit entstand durch den Entscheid des VGH. vom 16. Mai 1906.[4]) XXVIII, 117; dort wurde die Wasserleitung in Milbertshofen als

[1]) Aus der Normensammlung des Bausenates des Stadtmagistrates München.
[2]) Aehnlich VGH. XXI, 146.
[3]) Aehnlich VGH. XII, 65.
[4]) l. c. XXVII, 117.

Unternehmen dieser Gemeinde erklärt; das Rechtsverhältnis zwischen München und Milbertshofen ist durch diese schon oben bekämpfte Entscheidung zunächst noch nicht geklärt, vielmehr nur die Möglichkeit neuer Verwicklungen gegeben. Eine Besserung dieser prekären Lage Münchens wäre auf dreifachem Weg zu erreichen: Der erste wäre die Eingemeindung; die Statuten könnten dann durch die gemeindlichen Organe auf das neue Gebiet ausgedehnt werden; mit der Veröffentlichung würden sie auch dort gelten.[1]) Denn der § 1, III des Münchener Statuts kann rechtlich nicht den Sinn einer öffentlichrechtlichen Bindung der außerhalb des Burgfriedens befindlichen Wassergäste haben. Eine andere Möglichkeit einer glücklichen Erledigung wäre die Schaffung einer Verbindung Münchens mit Milbertshofen nach Art. 37 Distriktsratsgesetzes. Zuletzt bliebe noch folgender Ausweg: München tritt das von Milbertshofen benötigte Wasser an die Gemeinde unter deren alleiniger Haftung ab; von der Gemeindegrenze oder einem Reservoire ab geht die Leitung mit sämtlichem Zubehör, mit Ausnahme eines Wassermessers, in das Eigentum Milbertshofens über. München könnte von Milbertshofen somit die Kosten der Leitungen und die Beträge des Wasserzinses, vielleicht außerdem Vergütungen für besondere Dienstleistungen verlangen; hiegegen würde Milbertshofen auch Alleineigentümerin der Leitung und könnte nach Art. 40 GemO. Abgaben erheben.

2. Die Regelung der rechtlichen Verhältnisse der Hausleitung muß ebenfalls im Statut enthalten sein und ist deshalb öffentlichrechtlich.

Die Hausleitung umfaßt alle Einrichtungen hinter der Meßvorrichtung, die wohl immer in der Höhe der Anschlußleitung und möglichst unmittelbar innerhalb der Grenze des betreffenden Anwesens sich befindet, bzw. hinter der Hauptabsperrvorrichtung im Inneren des Hauses; diese Einrichtungen dienen zum Bezuge und zur Verteilung des Wassers. Die Hausleitung wird meist von Privatunternehmern ausgeführt, wobei sich die Gemeinde in der Regel ein gewisses Prüfungs- oder Beaufsichtigungsrecht vorbehält. Die Hausleitung wird gleichfalls Eigentum des Anwesensbesitzers.

In Würzburg ist in § 3 des Statutes die Bestimmung getroffen, daß die von der Werkstätte der Wasserverwaltung hergestellte Hausleitung (§ 3, II) bis zur völligen Bezahlung der Kosten Eigentum der Stadt Würzburg bleibt. Allerdings dürfen auch von anderen Technikern Hausleitungen ausgeführt werden: § 1, l. c.; doch kann die Wasserwerksverwaltung gegenüber zahlungssäumigen Leuten, denen sie die Hausleitung eingerichtet hat, in eine unangenehme Lage kommen; dies fühlte man auch und griff in dem Statut zum Mittel des Eigentumsvorbehaltes und dem Rechte der Wiederherausnahme der Leitung; hiebei bleibt aber immer zu bedenken, daß mindestens die Installations- und Herausnahmekosten ungedeckt bleiben, ein bei einer gemeinnützigen Unternehmung möglichst zu vermeidender Kostenausfall. Die Stadt sucht sich auch durch Erhebung der Vorauszahlung sicherzustellen: § 3, VI l. c. Dem gegenüber erscheint die Münchener Regelung auch hier

[1]) VGH, XXIV, 561.

einfacher; dort ist die Ausführung der Hausleitungen Privatunternehmern überlassen: § 15, I. Münchener Statut. Abgesehen von dem Umstande, daß die heimischen Geschäftsleute möglichst berücksichtigt werden sollen, erfordert die Ausführung der Hausleitung nicht die strenge Garantie im Sinne des Gemeinwohles, wie eine an das Straßenrohr angeschlossene Anschlußleitung.

c) Wasserabgabesysteme und besondere Vereinbarungen hiebei. Aeltere Rechte.

Es sind zwei Systeme in Gebrauch, das ältere des Eichhahns oder Steftens und das modernere, technisch vollkommenere des Wassermessers. Ihre technische Verschiedenheit, die sich naturgemäß auch bei den Gebühren und Strafgeldern äußert, ist kurz zu erklären.

Beim Eichhahnsystem läuft das Wasser beständig aus einem Hahne mit bestimmter Oeffnung, die sich eine bestimmte Anzahl Schuh über die Deichelleitung erhebt; das Wasserquantum wird nach der Rohrweite, Stärke des Strahles und nach Stunden bemessen.

Beim Wassermessersystem wird das Wasser bei Bedarf durch Oeffnen des Privatabschlußhahnes in den einzelnen Stockwerken entnommen, während die Wassermesseruhr das entnommene Wasser aufzeigt.

Die Einheitsmaße und Taxen für beide Systeme werden in dem Statut festgesetzt; es werden aber in der Regel noch besondere Vereinbarungen in den Statuten zugelassen und zwar ein für allemal mit gewissen Umgrenzungen, so daß trotzdem eine gewisse Gleichmäßigkeit erzielt wird. Solche Vereinbarungen werden getroffen mit Besitzern von größeren gewerblichen Anlagen, von Kraftmaschinen, hydraulischen Aufzügen, sowie Besitzern kleiner wertloserer Anwesen zwecks vorteilhafterer und billigerer Wasserabgabe. Die Zulässigkeit solcher öffentlichrechtlicher Vereinbarungen bestätigt auch VGH.[1]) Andererseits wird für vorübergehende Zwecke, wie Neubauten, das Wasser auf Grund der Statuten meist höher berechnet.

Das zu Feuerlöschzwecken und Feuerlöschübungszwecken benötigte Wasser wird in der Regel unter erleichterten Bedingungen zur Verfügung gestellt und kostenlos abgegeben.

Es kommt nun häufig der Fall vor, daß schon früher Leitungen vorhanden waren und Anwesensbesitzer besondere Rechte auf Wasserbezug erworben haben. Mangels besonderer Bestimmungen können diese (privatrechtlichen) Verträge von der Gemeinde nicht einseitig rückgängig gemacht werden. Solche Inhaber älterer Rechte werden nur meist durch besonders günstige Anschlußbedingungen veranlaßt, die bisherige Art des Wasserbezuges gegen eine modernere einzutauschen. So werden, wie in Wunsiedel, § 4 des Statuts, diese Wasserbezugsberechtigten kostenlos an die neue Leitung angeschlossen, oder sie erhalten, wie in Kaufbeuren, § 40 des Statuts, während 10 Jahre 15 % Rabatt am Wasserzins. Diese Beispiele ließen sich noch beliebig vermehren und wechseln mit den lokalen Besonderheiten.

---

[1]) l. c. I, 402, XII, 65.

Eine besondere Berücksichtigung verdienen die bis in das Mittelalter zurückgehenden Wasserbezugsrechte in der Stadt München. Diese älteren Wasserbezugsrechte sind sämtlich privatrechtlicher Natur. Sie teilen sich ein in ewige und gepachtete Steften. Letztere sind jüngeren Datums und bestehen auf Grund gewöhnlicher privatrechtlicher Pachtverträge. Inhalt derselben bildet regelmäßig die Zuleitung von Wasser aus der Mutterdeiche gegen Vorauszahlung von 24 Mk. Wasserzins jährlich pro Steften. War ein Steften gepachtet, so floß in der Minute 1,5 l Wasser aus dem Rohre.

Diese spätere Form des Pachtvertrages zeigt schon das Bestreben, kein bleibendes Recht an der Wasserleitung oder auf Wasserbezug aufkommen zu lassen. Die rechtliche Auffassung des Wasserbezuges als einer Pacht ist im Zivilrecht überwunden; der Gedanke ist aber in dem Art. 40 GemO. lebendig geblieben; freilich hat er sich damit zugleich eine gründliche Umwandlung durch das moderne öffentliche Recht gefallen lassen müssen.

Dem Pächter war bei Konventionalstrafe, außerordentlicher Kündigung und sofortiger Entziehung des Bezugsrechtes, die wahlweise verfügt werden konnten, jede eigenmächtige Abänderung des Wasserauslaufes, am Eichwechsel und der Wasserleitung, sowie jede Verstellung, Anbohrung und Beschädigung verboten. Untersagt war ferner die Ueberlassung des Bezugsrechtes an Dritte. Für Störungen am Wasserlauf leistete der Magistrat keine Entschädigung. Jährliche Kündigung des Vertrages war im allgemeinen zulässig, außerordentliche auch nach fruchtloser Mahnung gegen säumige Zahler.

Interessanter sind die ewigen Steften; diese gehen nachweislich auf das Jahr 1555 zurück. Bei den ewigen Steften wurde „ein Anzall Wassers verkhaufft und zu khauffen geben" gegen eine einmalige Kaufsumme, meist in „reinisch Minnz". Ein Steften war gleich 48 Münchener „Emer"; der Einheitspreis für den „ewigen" Steften betrug 100 fl.; außerdem wurde eine Nachsichtsgebühr erhoben. Anderwärts wurde auch noch ein Brunnenwasserzins jährlich „als Beitrag zu den großen Unterhaltungskosten der Brunnenstuben und Hauptdeichelleitung" erhoben.

Durch den Kauf entstand dem Käufer gegenüber der Stadtgemeinde ein ewiger Anspruch auf die fortlaufende Zuleitung des bedungenen Wasserquantums; es war ein in die damaligen Rechtsformen gekleideter Kauf einer künftigen Sache. Gekauft wurde also eine bestimmte wiederkehrende Leistung „aus gemainer Stat Teichen". Im Vereine mit diesem Gesichtspunkte führte die Erkenntnis des wirtschaftlichen Wertes einer Wasserleitung für die Grundstücke und das Streben nach Sicherstellung der Forderungen, wie die Wasserbriefe zeigen, alsbald zur Verdinglichung dieses Kaufes. Durch die Loslösung des Wasserbezugsrechtes von der Person des Begründers und die Verbindung mit dem Grundstücke — „all nachkhomendt Inhaber nachvermeldter meiner Behausung" — führte das Recht zu einer förmlichen Wertsteigerung des Grundstückes und bildete einen Zuwachs zum Grundeigentum. Die Begründung dieses Rechtes wurde in feierliche Formen gekleidet, in das Stadtgrundbuch eingetragen und bei jeder Besitzveränderung in den

Kaufbriefen und in den weiteren Grundbucheinträgen speziell erwähnt. All diese Umstände führten dazu, daß diese Steften stets nur mit dem Grundstücke, nie allein weiter veräußert und nur „mit des Rats Konsens" vertauscht, verwechselt und transferiert werden durften. Zu einer Verhaftung des Grundstückes für Kosten lag bei dem geringen Betrage der Nachsichtsgebühren keine Veranlassung vor; auch Wasserzinse wurden nicht erhoben.

So war es ohne weiteres verständlich, daß man bestrebt war, die Formen des damaligen Grundbuchverkehres auch auf die Bestellung eines solchen Bezugsrechtes anzuwenden.

Die „Wasserbriefe" wurden nach dem Muster der Ewiggeldbriefe hergestellt. Ewiggiltrecht ist „das dingliche Recht, vermöge dessen jemand die Leistung der Ewiggilt vom Besitzer der belasteten Sache zu fordern befugt ist. Ist der Titel zur Erwerbung dieses Rechtes ein Kaufvertrag und besteht die Gilt in Geld, dann heißt dies ein Ewiggeld in der engeren gewöhnlichen Bedeutung". Wie die Ewiggilt, gehört auch das Wasserbezugsrecht mit ewigen Steften zu den dinglichen Rechten an einer Sache und in die Kategorie der Reallasten.

Doch unterscheiden sich solche Wasserbriefe in einem wesentlichen Punkte von den Ewiggiltbriefen: Die Wasserbriefe waren ein Privatvertrag zwischen Magistrat und Wassergast, die Ewiggiltbriefe Privatverträge Dritter, aber in öffentlicher Form vor einer Behörde aufgenommen. Trotzdem entwickelte sich bei den Wasserbriefen die Form fast zu der Feierlichkeit der öffentlichen Urkunden, wohl mit Rücksicht auf die parteiliche Beteiligung des Magistrates. In den Wasserbriefen, wie in den eine Bestätigung des Käufers an den Magistrat enthaltenden „Reversen," finden sich oftmals Wendungen, die zugleich in den Ewiggiltbriefen und Willbriefen wiederkehren. Charakteristisch ist die feierliche Eingangsformel: „Wir Bürgermaister, Rathe Und Bürger Gemainigclich der Fürstlichen Haubtstatt München in Bayrn." So dienten diese Urkunden auch dazu, in der bürgerlichen Vertragssphäre das Gewöhnliche von dem Ungewöhnlichen, das allgemein Anerkannte von dem Zweifelhaften oder wenigstens durch die Erfahrung minder Bewährten zu unterscheiden.

Abgesehen von der notwendigen Verbindung mit dem Grundstücke behielt man von den bei den Ewiggiltbriefen gesetzlich vorgeschriebenen Erfordernissen die Abfassung in persönlicher Schreibart, die Ausfertigung auf Pergament mit den notwendigen Siegeln bei; es fiel lediglich die Benennung der anwesenden Zeugen in der Urkunde weg, weil kein öffentlicher Akt vorlag. Von großer Bedeutung war die Verwendung von Brief und Siegel. Das war das Zeichen der Zeit. Man muß bedenken, daß die Ausbildung des Urkundenwesens, die mit so viel Fleiß gepflegt wurde und wegen der Unsicherheit der Verhältnisse gepflegt werden mußte, gerade in diese Zeit fiel. Die Weitschweifigkeit der Wasserbriefe und Reverse war nur eine Folge der sorgfältigen Beobachtung der Vorschrift der Grundbuchordnung von 1572, daß das Wesentliche des Inhalts in der möglichst genauen Bestimmung der jährlichen Leistung und des der Bestellungsurkunde zugrunde liegenden Rechtsgeschäftes bestehe.

Wie schon hervorgehoben, handelte es sich bei diesen Privatrechten um den Kauf von bestimmten wiederkehrenden Leistungen aus der städtischen Leitung. Darin liegt der Kern der deutsch-rechtlichen Reallast.[1]) Es handelt sich hier also nicht so fast um den Kauf eines Wasserquantums als einer beweglichen Sache, auch nicht um die Benützung einer fremden Sache, weil ja doch der Zweck des Vertrages die Sicherung des nötigen Wasserquantums ist, auch nicht um die Duldung der Benützung einer fremden Quelle, weil nicht eine Anlage des Wassergastes auf dem fremden Quellgrundstück, dessen Besitzer zum Dulden verpflichtet wäre, vorliegt, als vielmehr um die Zumessung des gebührenden Wassers von einer bestimmten Stelle der Leitung aus. Des weiteren liegen hier Nutzungen vor, die ein Grundstück seiner Natur nach und infolge seiner Bewirtschaftung gewährt: Stobbe l. c. Daß die Nutzung ein Bodenerzeugnis des belasteten Grundstücks sein muß, ist nicht erforderlich.[2]) Das belastete Grundstück ist dasjenige, auf dem die Abzapfung von der städtischen Leitung erfolgt[3]) und zwar vermittelt durch die gemeindliche Leitung, die einen Teil des gemeindlichen Grund und Bodens bildet, weil „sie in ihrer Gesamtheit ohne Veränderung ihres Wesens nicht von einem Orte zum anderen gebracht werden kann." OGH. l. c.

Diese älteren Rechte sind in München durchweg in das öffentliche Recht übergeleitet worden; sie könnten übrigens auch als Reallasten weiterbestehen.[4])

Der tatsächliche Inhalt der alten Wasserbriefe bietet insofern noch manches Interessante, als einzelne charakteristische Teile, besonders die möglichste Haftungsablehnung der Stadt, Schutz der Wasserleitung durch Verbote, die Bindung an das Grundstück, Festsetzung der Reparaturpflicht der Stadt, die Kernfragen der heutigen Statuten sind, sich schon damals fanden. Für den Fall des Versiegens der „Prunnader auß Schickhung Gottes und der Nattur" vor Ablauf von 20 Jahren war Rückersatz des Kaufpreises stipuliert.

Inhaltlich lauten die Wasserbriefe zwar nicht durchweg gleich, doch kehren dieselben wesentlichen Bestimmungen so ziemlich in jedem Wasserbriefe und meistens in gleichen oder ganz ähnlichen Ausdrücken wieder.

d) Haftung der Gemeinde und des Wassergastes.

In dem begreiflichen und berechtigten pflichtgemäßen Bestreben der gemeindlichen Organe nach gebührender Sicherstellung der Gemeinde gegenüber den verschiedenen mit einer Wasserleitung verbundenen Eventualitäten kommen fast sämtliche Statuten zu einer ziemlich durchgreifenden Ablehnung einer gemeindlichen Haftung. Sofern aber irgendwelche Unregelmäßigkeiten nicht auf natürliche Gewalt, sondern

---

[1]) Ebenso Dr. Tinsch, Stadtrecht von München, 1891.
[2]) So auch Oertmann, Bayer. Landesprivatrecht. S. 489.
[3]) So auch OGH. XV. 433.
[4]) Siehe unter dinglicher Sicherstellung des Wasserbezugsrechtes, oben S. 57.

auf Verschulden des Wassergastes beruhen, geben die Statuten durchweg die weiteste Gelegenheit zur finanziellen Sicherung der Gemeinde.

Auch hier wird der Gesichtspunkt der Kostendeckung bei gemeinnützigen Unternehmungen Platz zu greifen haben. Der Charakter einer solchen Unternehmung verbietet es, aus solchen Anlässen irgendwelche finanzielle Vorteile zu ziehen, die Fiskalität darf nie die einzelnen Interessen überwiegen; es ist auch unzulässig, versteckte Strafen durch übermäßig hohe Gebühren für solche Fälle festzusetzen. Auch hier hat das gemeindliche Selbstverwaltungsrecht wieder weiten Spielraum, hat aber ebenso pflichtgemäß die Grenzen einzuhalten wie bei Statuierung von örtlichen Abgaben überhaupt. Freilich können im Einzelnen besonders unübersichtliche Verhältnisse oder der Grund der Vermeidung unverhältnismäßiger Arbeit und Kosten geringere Unebenheiten und Ueberschreitungen des tatsächlichen Aufwandes rechtfertigen; das Kostendeckungsprinzip wird wohl auch nicht bis in jede Detailrechnung hinein angewandt werden können; besondere Umstände lassen eine Ausnahme zu; doch muß gefordert werden, daß dabei das Prinzip im Ganzen gewahrt bleibt.

Diese Erörterungen ergeben, daß auch bezüglich der Risikoverteilung die zivilrechtlichen Grundsätze nicht durchweg analoge Anwendung finden können. Hat einerseits die Gemeinde Leistungen im öffentlichen Interesse gemacht, so gebührt ihr andererseits der weitestgehende Schutz bei der Frage der Deckung gelegentlich solcher Unregelmäßigkeiten wohl auch dann, wenn nicht immer ein Verschulden auf der Gegenseite nachweisbar ist; solche besondere außerordentliche Leistungen Einzelner gewinnen dann den Charakter außerordentlicher Beiträge zur Deckung von Kosten, die nicht aus Verschulden der Gemeinde, und im Interesse Dritter entstanden sind. Eine allgemeine Umgrenzung der Fälle ist nicht möglich; dieselben werden je nach den lokalen Verhältnissen verschieden sein und deshalb in den verschiedenen Gemeinden vielleicht auch nicht immer gleich behandelt werden können. Als Hauptgesichtspunkt muß immer festgehalten werden, daß einerseits die Kostendeckung im allgemeinen gewahrt bleibt, andererseits solche außerordentliche Auslagen für die einzelne Wassergäste nicht in einer Menge und Größe auftreten, daß dadurch der Charakter der Anstalt als einer gemeinnützigen im besonderen illusorisch wird.

Die Störungen teilen sich im Einzelnen in natürliche und in solche aus Veranlassung der Wassergäste.

Wie schon in zahlreichen alten Privatrechtsverträgen lehnen die Gemeinden auch in den modernen Statuten eine Haftung wegen *Störungen, die durch Elementarereignisse oder sonstige natürliche Einflüsse, sowie natürliche Vorgänge eintreten*, ab, natürlich unbeschadet der Pflicht zur sofortigen Wiederherstellung der Leitung. Hier tragen die Gemeinden und der Wassergast das Risiko gemeinsam. Dem Wasserabnehmer wird meist die vorausbezahlte Wasserabgabe nicht rückvergütet, oder die zu zahlende nicht nachgelassen, auch sonst keine Entschädigung gewährt. Die Gemeinde hat dagegen die Schäden, auch in ihrem eigensten Interesse, möglichst dauernd zu beheben. Die dadurch entstandenen Kosten übersteigen meist weit die nach bürgerlichrechtlichen Verhältnissen zu viel erhobenen Wasserabgaben.

In manchen Gemeinden werden die Wasserabgaben rückvergütet oder nicht mehr erhoben, wenn die Unterbrechung länger als eine im Statute bestimmte Zeit dauert. So werden in Kaufbeuren bei Unterbrechungen über 14 Tage die Wasserabgaben verhältnismäßig gemindert, wenn die Störungen nicht durch Wassergäste verschuldet sind. Dies Entgegenkommen in besonderen Fällen ist aber nur geboten, wenn die durchschnittlichen Betriebseinnahmen die Kostendeckung erreichen, wenn also aus den Betriebseinnahmen die Verzinsung und Amortisation des Baukapitals, die Betriebskosten, die Kosten für Reparaturen, Personal und sämtliche übrigen zu deckenden Auslagen ständig bestritten werden: Kaufbeuren § 28 Statut. So zeigt sich hier die Aeußerung des in den allgemeinen Bemerkungen aufgestellten Prinzipes nach der entgegengesetzten Seite: Je mehr die Betriebseinnahmen die Kostendeckung erreichen, desto mehr kann die Haftung der Wassergäste für natürliche Störungen herabgesetzt werden.

Die Störungen aus Veranlassung des Wassergastes beruhen teils auf Verschulden desselben, teils nicht. Es ist selbstverständlich, daß für die ersteren Fälle dem Wassergaste die entstehenden Kosten überbürdet werden müssen. Dies liegt schon im Interesse der Gemeinnützigkeit; der Benützung unter besonders günstigen Umständen entspricht auch eine schärfere Haftung; der Wasserabnehmer muß also für alle die Fälle aufkommen, in denen durch seine Schuld Wasser verloren geht, eine notwendige Anzeige nicht erstattet wird oder ein sonstiger Schaden entsteht.

Dagegen scheint manchmal eine übermäßige Gebührenerhebung vorzuliegen, wenn der Wassergast Abgaben leisten muß, ohne tatsächlich Wasser zu beziehen oder beziehen zu können, so die Vorschrift einer Bezahlung der Gebühr für Benützung der Wassermesser, wenn auch derselbe, vielleicht infolge Kündigung, unbenützt bleibt, oder die Nichtvergütung vorausbezahlter Wasserabgaben unter solchen Umständen. Offenbar spielt bei dieser Vorschrift die Analogie eines früheren Pachtverhältnisses mit herein, woraus sich diese Vorschrift zunächst erklärt. Doch fügt sie sich nach den oben besprochenen Gesichtspunkten auch in das gemeindliche Abgabenerhebungsrecht ein, da das Kostendeckungsprinzip sich ja nicht auf jede einzelne Abgabe erstrecken muß, die Gemeinde vielmehr für die Bemessung innerhalb der Kostendeckung unbeschränkt ist. Wie schon hervorgehoben, handelt es sich hier meist um geringe Beträge, die die Mühe der Ausscheidung nicht verlohnen, die Kostendeckung deshalb auch gar nicht beeinflussen können.

Ein Fall, der tatsächlich an der Grenze steht, aber unter den besonderen Umständen noch mit Recht vom Abgabenerhebungsrecht betroffen wird, ist ein Spezialfall in München. Es kommt öfter vor, daß bei Neu- oder Umbauten Wassermesser gestohlen werden. § 16, III des Münchener Statuts bürdet nun die Kosten für Wiederanschaffung entwendeter oder die Reparaturkosten beschädigter Wassermesser dem Hauseigentümer auf. Da diese Bestimmung in München aber nicht gegen die oben aufgestellten Grundsätze verstößt, ein spezieller Einwand hiergegen auch nicht besteht, muß sie als zulässig bezeichnet werden.

Selbstverständlich ist wiederum die Bestimmung, daß eine Gebühr für die Prüfung der Wassermesser nicht erhoben wird, wenn auf Beschwerde sich herausstellt, daß sie nicht mehr richtig funktionieren.

Treten solche Eventualitäten, besonders Naturereignisse ein, so sind die Steftenbesitzer im allgemeinen schlechter gestellt als die Wassergäste, die Wasser nach dem Wassermessersystem beziehen; denn erstere zahlen den für das Wasserquantum geschuldeten Betrag voll voraus, letztere dagegen nur den angemeldeten Mindestwasserzins; der Mehrverbrauch wird durch Ablesung festgestellt und nacherhoben.

Die Gemeinde lehnt auch durchweg bei Prüfungen, die sie auf Ersuchen oder zur Sicherung ihrer eigenen Leitungen an Anschluß- und Hausleitungen vornimmt, eine Garantie für die Tauglichkeit dieser Leitungen ab, so München § 15, IX bezüglich der Hausleitungen, oder beschränkt die Gewähr auf kurze Zeit, so München bei Errichtung der Anschlußleitungen auf ein Jahr: § 14, I.

Nicht zu beanstanden ist ferner die Ablehnung einer gemeindlichen Haftung dafür, daß die auf öffentlichem Grunde geführten Anschlußleitungen, die Eigentum der Hausbesitzer sind, stets in ihrer ursprünglichen Lage verbleiben und daß die Anwesensbesitzer, falls sich die Notwendigkeit einer Aenderung der Anschlußleitung ergibt, die hierfür anfallenden Kosten zu bezahlen haben: § 14, VI München. Denn die Anschlußleitung ist nach vielen und speziell den Münchener Statuten eine von den Anwesensbesitzern herzustellende Einrichtung zur Ermöglichung des Wasserbezuges. Anders z. B. Berchtesgaden, wo die Anschlußleitungen Bestandteil der märktischen Wasserleitung sind. Es wäre auch unbillig, zu verlangen, daß die Gemeinde mit Rücksicht auf den gemeinnützigen Zweck der Wasserleitung ihren Grund und Boden dauernd in einer bestimmten Weise rechtlich belaste; abgesehen davon würden örtliche Verhältnisse manchmal doch wieder eine Aenderung erfordern.

Ein ebenso wichtiger Vorbehalt findet sich fast in allen Statuten bezüglich der Pflichten der Wassergäste, insbesondere aber auch bezüglich des Inhaltes, Umfanges und der Dauer der Rechte hinsichtlich des Wasserbezuges. (München: § 22). Dieser Vorbehalt ist notwendig, da „durch den Erlaß statutarischer Bestimmungen über die Benützung von Gemeindeanstalten örtliche Rechtsnormen geschaffen werden, deren verbindende Kraft nach den allgemeinen Grundsätzen über räumliche und zeitliche Geltung von Rechtsvorschriften zu bemessen ist“: VGH. X, 385. „Dieser verbindlichen Kraft können sich auch die Gemeinden ihrerseits insoweit nicht entziehen, als sie in Durchführung und auf Grund derartiger Bestimmungen zu Privaten bereits in Beziehungen getreten sind.“ VGH. X, 385; XII, 65. „Auch wenn nicht in der Satzung steht, daß eine Verkürzung wohlerworbener Rechte Anstaltsangehöriger im Wege der Satzungsänderung ausgeschlossen ist, besteht dieses Rechtsprinzip": VGH. XXII, 39. Im übrigen bleiben die Statuten bis zu ihrer gesetzmäßigen Aufhebung in Kraft: VGH. XIII, 213.

Eine dauernde Belastung mit einem Wasserbezugsrecht würde sogar nach Art. 112, Ziff. 7 GemO. der Zustimmung der Gemeindebevollmächtigten bedürfen, „da durch eine solche konstitutive Anerkennung eine bleibende dingliche Belastung eines gemeindlichen Nutzungsobjektes bewirkt werden würde": OGH. XI, 511.

Es kann zwar aus dem auf Grund eines Statutes erfolgten Anschlusse eines Anwesens an die gemeindliche Wasserleitung ein öffentlichrechtlicher Anspruch gegen die Gemeinde auf Verschaffung der jeweils für das Anwesen erforderlichen Wassermenge nicht ohne weiteres abgeleitet werden (VGH. XXIII, 203), doch haben manche Gemeinden einen ausdrücklichen diesbezüglichen Vorbehalt in die Statuten aufgenommen. Dies eine wird jedoch gefordert werden müssen, daß die Gemeinde durch Abschluß des Anschlußvertrages sich zur Lieferung des bedungenen Wasserquantums verpflichtet erachtet, soweit nicht besondere, im Statut benannte Fälle, wie unvorhergesehene Elementarereignisse, eine Ausnahme rechtfertigen. Solche Mißstände sind, auch ohne eigens stipulierte Pflicht, baldigst zu beheben, da eine Unterhaltungspflicht für die Gemeinde sich schon aus dem Vertrage selbst ergibt.

e) Kündigung.

Sie zerfällt in die Kündigung der Wasserabgabe und in die Kündigung des Wasserbezuges, sowie in die Kündigung der Wassermenge und in die Kündigung der Art des Bezuges.

Die Kündigung des Wasserbezuges durch den Wassergast wird aus Rücksichten auf den Betrieb meist an gewisse Fristen gebunden. Der Grundsatz der allgemeinen freien Benützbarkeit der Wasserleitung erfordert aber gleichzeitig Sicherheit für die Wasserleitung in der Möglichkeit jederzeitiger, unbefristeter Kündigung der Wasserabgabe durch die Gemeinde (§ 8 München).

Außerdem findet noch die Wassersperre statt (§ 21, VIII München), wenn die Zahlungspflichten nicht eingehalten werden, ferner die gänzliche Wasserentziehung bei Zahlungssäumigkeit und grober Vertragsverletzung: § 10, III München.

Der Charakter der Gemeinnützigkeit einer Anstalt wird eine weite gemeindliche Sicherungsmöglichkeit nach dieser Seite hin nicht nur zulassen, sondern auch erfordern; doch ist davor zu warnen, daß diese Bestimmungen zu scharf und in einer Weise, die dem Ermessen im einzelnen Falle keinen Spielraum ließe, gefaßt werden; so wäre z. B. eine Bestimmung, daß bei Vorlage der Rechnung oder innerhalb weniger Tage nachher gezahlt werden müßte, andernfalls sofort Wassersperre einzutreten habe, als rigoros zu erachten; durch eine dergestalt scharfe und nicht zu umgehende Fassung würde der gemeine Nutzen ungünstig beeinflußt, vielleicht in manchen Fällen sogar aufgehoben werden.

Ist das Prinzip der Haftung des Haus- oder Anwesensbesitzers allein festgesetzt, so ist eine Wassersperre gegen einen ersatzunfähigen

Mieter, um dem Hausbesitzer zu den ausgelegten Kosten zu verhelfen, unzulässig. Es liegt auch nicht in der Aufgabe der Gemeinde, in solche interne, rein zivilrechtliche Angelegenheiten zwischen Mieter und Vermieter sich einzumischen.

f) Die örtlichen Abgaben.

Es handelt sich vor allem darum, den Charakter der örtlichen Abgaben genauer festzustellen. Hierzu gibt zunächst Art. 39/30 GemO. einen Anhaltspunkt. Dieser spricht von „Gebühren für die Benützung von Gemeindeanstalten und sonstigen Erträgnissen dieser Anstalten". Zu den sonstigen Erträgnissen sind außer privatwirtschaftlichen Einnahmen, die von vornherein hier ausscheiden, z. B. auch Einnahmen aus Leihanstalten und Sparkassen zu rechnen. Diese gelegentlichen, aus dem speziellen Zwecke erklärlichen Einnahmen haben aber keinen allgemeinen Charakter und kommen auch in unserem Spezialfalle nicht in Betracht. Doch gibt Art. 56/41 GemO., ebenfalls bei Regelung eines Spezialfalles, einen wertvollen Aufschluß. Hier sind außer den Gebühren noch Kostendeckungsbeiträge genannt. Diese beiden Hauptarten, Gebühren und Kostendeckungsbeiträge, haben allgemeine Bedeutung und bilden deshalb den Inhalt der folgenden Betrachtung.

Gebühren im Sinne der GemO. sind das spezielle Entgelt für die vorzugsweise oder ausschließliche Benützung einer gemeinnützigen oder polizeilichen gemeindlichen Institution. Hierunter ist nicht bloß die Inanspruchnahme gemeindebehördlicher Tätigkeit, sondern auch die Benützung gemeindlicher Anstalten und Unternehmungen zu verstehen: Art. 40, I GemO. Der lebhafte Streit der Finanztheoretiker, ob letztere Gattung auch hierher zu rechnen sei, ist somit für diese Frage durch den Wortlaut des Gesetzes ausgeschaltet. Wirtschaftlich kennzeichnet sich die Gebühr als ein Aufwandsbeitrag, der zur Deckung der Kosten beiträgt, entsprechend dem besonderen Nutzen des Einzelnen, sie wurde deshalb auch als Präzipualsteuer bezeichnet. Gleich der Finanzwissenschaftslehre wird auch im Folgenden die durch obige Ausführungen gestützte Behauptung vertreten, daß die Einnahmen für Benützung von gemeindlichem Privateigentum durch Dritte und die Nutzungen aus Privaterwerbsunternehmungen nur die Bedeutung zivilrechtlicher Einnahmen haben.

Die Gebühren dienen zur Deckung von Kosten, welche das spezielle, öffentlich geschützte Interesse Einzelner oder eines größeren Kreises von Interessenten veranlaßt hat, während die Kosten, welche im Interesse der Gesamtheit entstanden sind, von der Gesamtheit und zwar nicht nach dem Maßstabe eines speziellen Nutzens, sondern einem anderen, dem jeweiligen Umlagenmaßstabe gedeckt werden. Nicht notwendig ist, daß jedesmal eine öffentlichrechtliche Handlung in Frage kommt; es kann auch die Befriedigung privater Interessen Einzelner gebührenpflichtig sein; Voraussetzung ist aber, daß die Gemeinde diese Interessen besonders schützt und dieselben zum Gegenstande ihrer speziellen Fürsorge gemacht hat; allerdings ist dann weiter erforderlich, daß eine spezielle Benützung eintritt. Schon in den leitenden Gedanken aus dem Vortrage im Sozialgesetzgebungsausschusse der K. d. R. ist festgestellt, daß der Gemeindeverband viel weniger zu politischen als zu wirtschaftlichen Zwecken dient, die Leistungen des Gemeindebürgers also nicht unbedingt nach den Grundsätzen der Leistungen für den Staat zu berechnen sind, sondern mehr nach dem wirtschaftlichen Nutzen, den die Gemeinde den Einzelnen gewährt. Dies bedeutet nichts anderes als die Betonung des auf dem Maße des wirtschaftlichen Nutzens aufgebauten speziellen Entgeltprinzipes, des Gebührenprinzipes, im Gegensatz zum Umlagenprinzip. Dieser Unterschied ist auch in den Motiven zur GemO. zu Art. 46 d. Entw. betont: „Die Gemeindeumlagen", heißt es daselbst, „haben, insoweit sie einem rein öffentlichen Zwecke dienen, ganz denselben Charakter, wie die übrigen öffentlichen Lasten; da (= soweit) die Gemeindeanstalten allen Gemeindeangehörigen mehr oder minder zugutekommen und eine Ausscheidung der Beitragspflichten der einzelnen Gemeindeangehörigen nach dem Grade der jeweiligen Benützung der Gemeindeanstalt unmöglich ist, waren die Grundsätze, welche hinsichtlich der Beitragspflicht der sonstigen öffentlichen Lasten . . . . . gelten, zum Ausgangspunkt zu nehmen." Diese Subsidiarität der Deckung der Gemeindeausgaben durch Umlagen ist auch in Art. 39, I, II GemO. zum Ausdrucke gebracht.

Die Rechts- und Finanzwissenschaft nimmt fast durchweg das Vorliegen mindestens eines öffentlichen Interesses als Voraussetzung für die Gebührenerhebung an. Gelegentlich der Durchführung eines öffentlichen von der Gemeinde geschützten Interesses Einzelner entstehen gemeindliche Ausgaben. Um nun wirklich gemeinnützig zu wirken, d. h. zu gemeinem Nutzen, nicht zum Nutzen der Gemeinde, muß die Einrichtung möglichst billig zur Verfügung gestellt werden; es darf also für die Gemeinde kein Gewinn dabei erstrebt werden. Wenn schon beim Staate die Gebühren nicht dazu da sind, daß der Staat aus ihnen ein Einkommen beziehe, so muß dies doch auch bei der Gemeinde gelten, da hier die Gebühr nach der obigen Aeußerung berechnet werden soll nach dem „wirtschaftlichen Nutzen, den die Gemeinde dem Einzelnen gewährt". Daß die Gebühr nicht zum Gewinne, sondern zur Deckung der speziellen Gemeindebedürfnisse, für die sie erhoben werden, dienen soll, ist schon oben gesagt. Es dürfen mithin nicht die für die Preisbildung maßgebenden Gesichtspunkte allein betrachtet werden, die Preisbildung ist auch abhängig von den Rücksichten auf die Durchführung des öffentlichen Zweckes. Andererseits soll die Gemeinde auch die Kosten decken. So entsteht das Kostendeckungsprinzip, d. h. bei Erfüllung öffentlicher Interessen soll die Gemeinde nur die Deckung der entstandenen Kosten erstreben. Wird dagegen ein Ueberschuß erzielt, so wird die betreffende gemeindliche Tätigkeit zur Erwerbsquelle, besonders dann, wenn die Tätigkeit zum Monopol erhoben wird. Das Kostendeckungsprinzip bedeutet aber nicht, daß die Kosten wirklich durch eingehende Einnahmen aus demselben Unternehmen völlig gedeckt werden müßten, sondern bestimmt lediglich das Maximum. Es schließt also nach dem Maße des gemeinen Nutzens und auf Grund der steuerpolitischen Erwägungen eine Skala in sich, die von einer beliebigen Abgabe unter dem eigentlichen Preis beginnt und bis zur Kostendeckung reicht.

Manche Schriftsteller gehen noch weiter und gestatten sogar eine Ueberschreitung der Kostendeckung. Uebereinstimmend wird jedoch als Grundlage festgehalten, daß die Frage nach der Höhe der Gebühr im einzelnen Falle mehr der Politik und Verwaltungslehre als der Finanzwissenschaft angehört.[1]) Wenn nun von gewissen Finanzrechtslehrern eine geringere Ueberschreitung des Kostendeckungsprinzipes bei Staatsgebühren zugelassen wird, so hat das seinen Grund in der dem Staate zukommenden Macht, nicht nur fördernd, sondern auch ausgleichend und regelnd in das wirtschaftliche Leben einzugreifen und dadurch die zu häufige oder mißbräuchliche Inanspruchnahme dieser bestimmten Staatseinrichtungen zu verhindern. Doch diese Maßregel kann, selbst wenn sie einer Gemeinde zugestanden wird, bei Wasserversorgungen wohl nicht in Frage kommen, solange der Wasserverbrauch durchschnittlich ein normaler genannt werden muß. Würde er in größerem Umfange übermäßig, so könnte eine progressive Erhöhung der Gebühren für die hohen Verbrauchsziffern eintreten, was aber nicht sofort zu einer Ueberschreitung der Kostendeckung führen müßte; es ließen sich manche Beiträge herabsetzen, manche Gebühren vermindern. Bei dem verhältnismäßig geringen Betrage solcher durch Präventivmaßregeln eingehender Mehrbeträge und den großen Auslagen einer Wasserversorgungsanlage dürfte diese Frage kaum praktisch werden; eine vorübergehende Ueberschreitung wäre nicht zu urgieren. Eine dauernde Ueberschreitung hätte jedoch steuerlichen Charakter; dadurch würden die Wasserabgaben zu Verbrauchsabgaben, die nach dem geltenden Rechte unzulässig sind. Daß eine ausgedehntere Steuerpolitik in dieser Richtung nicht intendiert war, zeigt Art. 40, IV GemO., der dem gemeindlichen Selbstverwaltungsrecht in dieser Richtung, allerdings auf anderen, gefährdeteren Gebieten, Schranken setzt.

„Beiträge" werden von den Beteiligten zur Anlage oder Unterhaltung öffentlicher Einrichtungen geleistet, wenn der direkte oder indirekte Nutzen der letzteren durch die gewöhnlichen Gebühren gar nicht oder nicht im richtigen Verhältnis berücksichtigt wird.[2]) Tatsächlich umfassen sie besondere Aufwandsdeckungen, sowie solche, die sich in dem Rahmen der Gebühren nicht unterbringen lassen, endlich die Amortisation und Unterhaltung; letztere gehört aber schon wieder zum Teile zu den Gebühren. Sie betonen noch schärfer als die Gebühren das Moment der speziellen Benützung und speziellen Entgeltlichkeit; denn sie finden ihre Begründung in den Vorteilen, welche durch die betreffenden Gemeindeanlagen für gewisse örtlich abgegrenzte Gruppen von Grundstücken entstehen, nicht selten aber lediglich in der Tatsache des Besitzes eines Grundstückes oder Gebäudes bestehen.[3])

---

[1]) Schäffler, Die Steuern, Leipzig 1895.
[2]) Bachem, Staatslexikon 2. Aufl. II. Bd. S. 702.
[3]) Eheberg, Finanzwissenschaft 1907 S. 488.

So können die Beiträge zu dinglichen Grundstückslasten werden.[1]) Die Beiträge können, ebenso wie die Gebühren, wiederkehrende, sie können aber auch einmalige sein.[2]) Die Beiträge werden ebenso wie die Gebühren durch einseitige Anordnung festgesetzt: Art. 56, 40 GemO.

Aus diesen Ausführungen geht hervor, daß die Trennung von Gebühren und Beiträgen sich nicht ein für allemal begrifflich feststellen läßt, es bleibt eine Mittelstufe, innerhalb deren die Ausscheidung dem steuerlichen Ermessen der Gemeindebehörden zufällt.

Im Einzelnen wird unter den Gebühren unterschieden vor allem die Gebühr für die wesentlichste Benützung der Wasserleitung, nämlich die Gebühr für die Wasserentnahme. Sie wird vielfach Wasserzins genannt. Dieser Terminus entstammt, wie schon hervorgehoben, der Zeit der privatrechtlichen Regelung und entspricht der Anschauung des Miet- und Pachtrechtes. Eine Rechtfertigung findet dieser Ausdruck im modernen Recht nicht mehr. Man würde ihn besser durch Wasserabgabe, Wasserbezugsgebühr, Wassergebühr ersetzen.

Unter die erstere Kategorie der örtlichen Abgaben gehört ferner die Gebühr für die Prüfung von Hausleitungen auf Verlangen des Hausbesitzers vor der Ingebrauchsetzung, die Prüfung der Hausleitungen, die Prüfung für Feuerlöschzwecke, welche das Wasser ungemessen beziehen, die Gebühr für die Druckprobe, die Vierteljahrsprüfung und sonstige Untersuchung oder Reinigung einer Feuerlöschleitung, die Gebühr für die Prüfung von Wassermessern, die Kosten der Ein- und Ausschaltung mit inbegriffen, die Nachsichtsgebühr bei dem Wasserbezug nach Steftensystem, endlich Anschlußgebühren (Berchtesgaden § 27). Außerdem gibt es aber noch Anschluß„beiträge“, die einen verhältnismäßigen Teil der Herstellungskosten auf den neu anzuschließenden Wassergast repartieren.

Als frei von der Gebührenerhebung sind besonders zu bezeichnen die Benützung der gemeindlichen Leitung bei Bränden zu Feuerlöschzwecken, sowie die auf Anregung der Wasserabnehmer vorgesehene Prüfung eines Wassermessers, die eine unzulässige Schwankung in der Wassermessung ergibt. Zu erwähnen sind endlich auch gewisse Erleichterungen für den gewerblichen oder industriellen Betrieb.

Das Würzburger Statut zeichnet sich durch ein besonderes Streben nach Sicherstellung aus; es gestattet in § 4, II für die Sicherstellung oder Vorausbezahlung der Gebühr zu sorgen.

Ueber die „Beiträge“ ist noch Folgendes zu bemerken:

Man könnte sich zunächst versucht fühlen, von den Beiträgen diejenigen Kosten auszuscheiden, die der Haus- oder Anwesenseigentümer für die Einrichtung von Teilen der Wasserleitung zu tragen hat, die *sein* Eigentum werden; es wäre dies damit zu begründen, daß nach Art. 40 GemO. die Gemeinden nur berechtigt sind zur Erhebung von örtlichen Abgaben für die Benützung *gemeindlichen* Eigentums. Beiträge würden nur erhoben als Ersatz für eine Umlage zugunsten

[1]) VGH. XXIII, 201.
[2]) VGH. X, 281; XVII, 200; XXIII, 201.

einer gemeindlichen Leistung; Voraussetzung sei dabei, daß die spezielle Einrichtung gemeindliches Eigentum werde, zu dessen Kosten der betreffende Interessent „beizutragen" habe. Unter die auszuschaltenden Kosten würden also fallen die Kosten für Herstellung und Abänderung von Anschluß- und Hausleitungen, wenn sie in das Eigentum der Wassergäste übergehen. Auch wenn die Gemeinde die Herstellung übernehme, bilde die Deckung der Auslagen lediglich einen Ersatz für die den Anwesensbesitzern obliegende Pflicht der Installation. Mit Rücksicht hierauf wären diese Kosten auch keine örtlichen Abgaben. Doch dürfte diese Auslegung sich auf einen mindestens unwesentlichen Punkt stützen insofern, als der Art. 40 GemO. nur den großen Gesichtspunkt der gemeindlichen Einrichtung als solcher im Auge haben kann, und den wesentlichen Punkt, den Ersatz der Unkosten, die der Gemeinde für einen bestimmten Aufwand erwachsen oder zu Erreichung eines Zweckes notwendig sind, übersehen. Es darf mithin als nebensächlich angesehen werden, ob die gemeindliche Einrichtung hernach in das Eigentum der Wassergäste übergeht oder nicht. Obengenannte scheinbare Ausnahmen gehören also zu den Beiträgen. Eine andere Regelung würde mit dem Grundsatze in Konflikt geraten, daß die Gemeinde autoritativ die Voraussetzungen des Wasserbezuges regeln kann.[1]) Es ist nicht abzusehen, warum eine auf Grund dieses zulässigen und geradezu notwendigen Inhaltes eines Statutes festgesetzte Leistung nicht den gleichen Charakter wie der Rechtsgrund haben soll.

Das Beitragserhebungsrecht erstreckt sich nicht nur auf die eigentlichen Baukosten, sondern auch auf die sämtlichen anderen Unkosten und Auslagen der technischen Ausführung, Durchführung und die Amortisation dieser Beträge. Dagegen erachte ich die Kosten eines Prozesses in Wasserversorgungssachen nicht als Aufwand, der die Erhebung oder Verwendung örtlicher Abgaben rechtfertigen würde.

Die große Freiheit der Gemeinde in der Abgrenzung der Beiträge von den Gebühren läßt auch eine allgemeine Aufstellung von Beispielen nicht wohl zu, da jeweils die Gesamtheit der lokalen Verhältnisse, die rechtliche Einzelgestaltung der Anschlußleitungen und die steuerpolitischen Erwägungen mit in Betracht gezogen werden müssen, um die Abgrenzung verständlich und systematisch durchzuführen. Wohl stets gehören zu den Beiträgen die Dienstlöhne, die Amortisationskosten für Wassermesser, die Brunnenunterhaltungsbeiträge, die Anschlußbeiträge, die Kosten der Anschluß- und Hausleitungen, soweit sie der Gemeinde geschuldet werden.

Für den Fall einer reichlich vorgesehenen Kostendeckung kann die Erhebung von Beiträgen manchmal für den einzelnen Wassergast drückend werden; dies ist bei einer gemeinnützigen Anstalt möglichst zu vermeiden; es empfiehlt sich deshalb, als Sicherheitsventil Ausnahmen und Nachlässe unter gewissen Bedingungen im Statute zuzulassen.

Werden Anschlüsse an einen erst zu legenden Rohrstrang gewährt, so sind die auf Grund der besonderen Vereinbarungen zu leistenden

---

[1]) Vgl. Unterabschnitt 1: Voraussetzungen, oben S. 76.

Beiträge nur insoweit öffentlichrechtlich, als sie ihre Stütze im Statute finden und dort allgemein umgrenzt sind. Meist sind diese Fälle jedoch, wie oben S. 77 geschildert, nicht im Statute geregelt.

Gebühren und Beiträge werden nur bei spezieller Inanspruchnahme erhoben, während die Deckung durch Umlagen für solche öffentliche Zwecke eintritt, welche der Allgemeinheit zugute kommen. Nun decken sich in der Regel die zum Wasserbezug Berechtigten mit den Umlagenpflichtigen; es kann also vorkommen, daß ein Steuerzahler gemäß Art. 43, I zu den Umlagen für die Einrichtung der dem gemeinen und allgemeinen Nutzen dienenden Wasserleitung herangezogen wird, ohne daß er dieselbe in Anspruch nimmt; während er wohl keine örtlichen Abgaben zu leisten braucht, wenn er die Anstalt nicht auch benützt, besteht die Umlagenpflicht, wenn sie einmal festgesetzt ist: Art. 42, 47 GemO. für ihn zweifellos; ein Nachlaß könnte nur aus erheblichen Gründen und nur auf dem Wege des Art. 58 GemO. Platz greifen; jedes andere Verfahren wäre unzulässig und der Korrektur durch die Staatsaufsicht unterworfen. Aus der Umlagenpflicht kann aber noch nicht ein gesetzlicher Anspruch auf Ermöglichung der gleichmäßigen Benützung der Wasserleitung abgeleitet werden.[1])

Im übrigen ist die Erhebung von Gebühren keine Vorbedingung für die Umlagenerhebung; denn nach dem Wortlaute des Art. 40 GemO. sind die Gemeinden zu der Einführung von Gebühren nur berechtigt, nicht aber verpflichtet.[2]) Allerdings ist die Gebührenerhebung den Gemeinden in der ME. vom 19. August 1892, die wirtschaftlichen Verhältnisse der Gemeinden und Distrikte betr., unter Nr. 3e zur Unterhaltung, Verzinsung und Tilgung der aufgenommenen Anlehen bei Wasserversorgungen besonders empfohlen worden.

g) Mahngebühr und Beitreibung.

Nach Art. 57 in Verbindung mit Art. 48 GemO. können die Gemeinden die Zahlungspflichtigen zur Begleichung der rückständigen örtlichen Abgaben und der — noch zu behandelnden — Geldstrafen nach Ablauf der festgesetzten Zahlungstermine mahnen und hierfür eine „Mahngebühr" erheben lassen. Diese Gebühr wird in Gemeinden mit städtischer Verfassung durch den Magistrat mit Zustimmung der Gemeindebevollmächtigten, in den übrigen Gemeinden durch den Gemeindeausschuß mit Genehmigung der vorgesetzten Verwaltungsbehörde im Statut festgesetzt. Bei erfolgloser Mahnung hat die Gemeindeverwaltung das Ausstandsverzeichnis für vollstreckbar zu erklären und für die Beitreibung der Rückstände zu sorgen, wobei ihr die gleichen Exekutionsbefugnisse zustehen wie den kgl. Rentämtern bezüglich der Beitreibung der Staatsgefälle. Mit der Vollstreckung, zunächst Pfändung, dann Versteigerung, kann sowohl ein Gemeindediener wie

---

[1]) Aehnlich VGH. XXI, 150.
[2]) VGH. XVI, 165.

ein Gerichtsvollzieher beauftragt werden. Außer den Art. 48, 57, 58 GemO. finden hier Anwendung:

1. Das Gesetz vom 26. Juni 1899, zur Ausführung der ZPO. und KO., Art. 4—8.
2. Die ME. vom 27. Dezember 1899, die Vorschriften über die Beitreibung der Staatsgefälle betr.
3. Die ME. vom 17. Mai 1900, die Vorschriften über die Beitreibung der Staatsgefälle, hier die Pfändung von Früchten und dem Betrieb der Landwirtschaft dienenden Gegenständen betr.[1])

h) Die ortspolizeilichen Vorschriften und die Geldstrafen.

Die Gemeinden sind gemäß Art. 41, III GemO. berechtigt, in ortspolizeilichen Vorschriften zur Kontrolle und Sicherung örtlicher Gefälle Geldstrafen festzusetzen. Diese Vorschriften verfolgen einen rein polizeilichen Zweck, während die Statuten lediglich die Verwaltungsfragen regeln. Es sind deshalb die beiden gemeindlichen Erlasse verschiedenen Vorschriften unterworfen; aus diesem Gesichtspunkte empfiehlt sich dringend ihre äußerliche Trennung.

Die ortspolizeilichen Vorschriften verbieten jede Beschädigung oder Verletzung der Wasserleitung, insbesondere die Wegnahme der amtlichen Bleiverschlüsse, den Wasserbezug mit Umgehung der Meßvorrichtung, die Ueberleitung des Wassers auf ein anderes Anwesen, das Aufgraben des Grundes in der Nähe der Wasserleitung ohne vorherige Zustimmung des Magistrates, die eigenmächtige Vornahme von Arbeiten an Anschlußleitungen, Verletzung der Vorschriften über Anbringung der Meßvorrichtungen, Zuwiderhandlung gegen die Vorschriften, betr. die Ausführung von Hausleitungen und Verwendung bestimmter Materialien, Weigerung gegenüber einer magistratischen Untersuchung der Hausleitungen, und Gefährdung der Gefälle. Im Zuwiderhandlungsfalle bedrohen sie den Ungehorsam mit Geldstrafen bis zu 18 Mk. auf Grund Art. 41, III GemO., soweit nicht schon im RStrGB. oder im PStrGB. allgemeine Strafbestimmungen sich finden, so Art. 95 PStrGB. Für die vollendete rechtswidrige Entziehung oder Verkürzung der Gefälle bis zur Höhe von 4,50 Mk. können auf Grund Art. 41, III l. c. Geldstrafen bis zu 45 Mk., bei höheren Beträgen bis zum zehnfachen Betrage, im Rückfalle bis zum zwanzigfachen Betrage des entzogenen Gefälles durch dieselben ortspolizeilichen Vorschriften festgesetzt werden.

Die Bestimmung von Strafen innerhalb des gesetzlichen Strafrahmens ist notwendig, um gegebenenfalls gerichtlichen Strafausspruch zu ermöglichen.[2])

Eine polizeiliche Vorschrift muß der Regierung zwecks Vollziehbarkeitserklärung vorgelegt werden, Art. 6 PStGB., dann erfolgt ihre

---

[1]) Verwaltungspraxis Bd. I S. 706.
[2]) OGG. VIII, 495.

Publizierung nach den Vorschriften des Art. 11 l. c. und die Mitteilung an die Gerichte.

Während der Gebührentarif sofort in Giltigkeit tritt, tritt die polizeiliche Vorschrift gemäß Art. 6, III PStGB. erst 30 Tage nach der Vorlage an die Regierung in Kraft, sofern sie nicht ausdrücklich früher als vollziehbar erklärt wird.

Diese Geldstrafen fließen nach Art. 41, III, 2 GemO. in die Gemeindekasse.

Würzburg hat statt der polizeilichen Regelung in § 7 der Statuten „Konventionalstrafen" festgesetzt. Dies dürfte rechtlich unzulässig sein, da diese Regelung der gesetzlich vorgeschriebenen Voraussetzungen entbehrt; zudem ist die Konventionalstrafe absolut auf die Höhe von 200 Mk. bemessen, ein Ausmaß, das in einzelnen Fällen sicher die Grenzen des Art. 95 PStGB. und Art 41 GemO. übersteigt und deshalb auch aus diesem Grunde unzulässig ist.

Den Gemeinden steht zur Beitreibung dieser Geldstrafen das Strafverfahren im Verwaltungswege offen: § 6, II Ziff. 3 EG. z. RStPO.; Art. 97, I; 86; 89, I—III, IV; 90—92 AG. z. RStPO.; § 459 RStPO. Unterwirft sich der Verurteilte, so gewinnt der Strafbescheid die Wirkung eines rechtskräftigen Urteiles: Art. 90 AG. z. RStPO.

Die Vollstreckung erfolgt auf dem Wege des administrativen Zwangsvollzuges: Art. 92 AG. z. RStrPO.; Art. 4—8 AG. z. ZPO., während die Umwandlung uneinbringlicher Geldstrafen in Freiheitsstrafen nur durch gerichtliche Entscheidung gemäß § 465 RStrPO. erfolgen kann. Unterwirft sich der Verurteilte dem Strafbescheide nicht, §§ 460—463 RStPO., so geht die Sache an die ordentlichen Gerichte.

Nach Art. 5 AG. z. RStPO., § 27 Nr. 1—2, § 73 Nr. 1, § 75 Ziff. 15 GVG. ist die Zuständigkeit der landgerichtlichen Strafkammer gegeben, wenn die Uebertretung mit einer den Betrag von 600 Mk. übersteigenden Geldstrafe bedroht ist, außerdem die der Schöffengerichte.

Der Strafrichter hat seinerseits nur die gesetzliche Gültigkeit der Vorschrift im Sinne Art. 15 PStGB. zu prüfen, nicht aber über die Frage der Notwendigkeit und Zweckmäßigkeit der Anordnung zu entscheiden.[1]) Ein Erfordernis der Giltigkeit einer ortspolizeilichen Vorschrift bildet ihre gehörige Bekanntmachung in dem Gebiete, für das sie bestimmt ist.[2]) Hierher gehört auch die ME. vom 28. Mai 1862, die Form der Verkündung orts- und distriktspolizeilicher Vorschriften betr., aufrechterhalten durch Art. 159, II PStrGB.[3]) Zur Gültigkeit einer abgeänderten, sowie zur Ausdehnung einer schon bestehenden Polizeivorschrift ist somit neue Bekanntmachung nötig.

---

[1]) OberstLG. StrS. 5, 217.
[2]) OberstLG. StrS. 5, 311.
[3]) RegBl. 1862, S. 925.

i) Anhang.

Die Behandlung der örtlichen Abgaben bei Zwangsversteigerung und Konkurs.

1. Zwangsversteigerung. Die örtlichen Abgaben des Art. 40, I fallen in ihrer ganzen Ausdehnung als „öffentliche Lasten" unter § 10 Ziff. 3 ZwVG., wenn sie von dem Grundstücke zu entrichten sind: Art. 122 AG. z. BGB.[1])

Von der Pfordten wendet sich in dem Kommentar zu den bayr. Ausführungsvorschriften zum ZwVG.[2]) gegen die Verdinglichung solcher Leistungen.

Dem ist gegenüber zu halten, daß durch die Versorgung mit gutem und reichlichem Trink- und Nutzwasser der Wert eines Grundstückes dauernd und bedeutend erhöht wird, daß diese Erhöhung sogar zur Erfüllung wichtiger sanitärer Forderungen und unter Umständen zur Erfüllung gesetzlicher Verpflichtungen, die dem Grundstücksbesitzer obliegen, dient. Kein Wunder also, wenn diese Wertsteigerung des Grundstückes ihr Aequivalent findet in der Bindung der daraus entspringenden Lasten an das Grundstück und dieses infolge dieses Zuwachses mit seinem Werte der erhöhten Sicherung der Gegenforderungen dient, wie ja auch im Zivilrechte die Gläubiger, oft ohne diesen engen Zusammenhang, sich ein Grundstück haftbar macht. Als Abgaben des öffentlichen Rechtes unterliegen diese Leistungen somit der Regelung des Art. 122 AG. z. BGB.

Die Gemeinde hat auch eine gewisse Pflicht, für die möglichste Sicherung der Abgaben, die ohnehin meist die Kostendeckung nicht erreichen, und besonders in Anbetracht der vielen zahlungssäumigen und -unvermögenden Schuldner bei der allen Einwohnern offenstehenden Möglichkeit des Bezugsrechtes, für den weitestgehenden Gebrauch der gesetzlichen Sicherungshandhabe zu ihrer eigenen Deckung zu sorgen. Die Berechtigung zur Verdinglichung solcher Leistungen hat der Verwaltungsgerichtshof XXIII, 201 anerkannt.

Diese Leistungen nach Art. 122 AG. z. BGB. gewähren bei der Zwangsversteigerung ein Recht auf Befriedigung aus dem Grundstücke, bei Gleichrang nach Verhältnis ihrer Beträge, wegen der laufenden und der aus den letzten zwei Jahren rückständigen Beträge. Die Denkschrift zu dem genannten Gesetze sagt zu § 10 Ziff. 3 ausdrücklich: „Was im Einzelnen zu den öffentlichen Lasten zu rechnen ist, bestimmt sich nach öffentlichem Rechte der einzelnen Bundesstaaten". Dies wurde auch in der Kommission ohne Widerspruch festgestellt.[3])

In der Praxis kommt es jedoch selten wegen dieser Abgaben zur Zwangsversteigerung, da die Wassersperre ein sehr wirksames Mittel bildet.

---

[1]) Ebenso: Henle-Schneider, Komm. hierzu S. 192 zu Art 122; Böhm-Klein ebenfalls; auch Meikel l. c.; Steiner, Komm. z. ZwVG. S. 38.

[2]) l. c. bei Art. 24 AV.

[3]) Hahn-Mugdan, Die gesammelten Materialien zu den Reichsjustizgesetzen V. Bd. 1897.

2. Im Konkurse wird jedoch nach der jetzt herrschenden Theorie und Praxis diesen örtlichen Abgaben kein Vorrecht zugestanden. Sowohl das Reichsgericht, [1]) als ihm folgend, das ObersttLG. [2]) hat sich, gestützt auf eine Auslegung der Motive, auf den Standpunkt gestellt, daß unter § 61, 2 KO. nur die Steuern und steuerähnlichen Gebühren fallen. Auch das OLG. Zweibrücken hat sich in dem Urteil vom 6. Dezember 1904 [3]) dieser Anschauung angeschlossen. Die Praxis hat, gezwungen durch die Rechtsprechung der Gerichte, auf das Vorrecht des § 61, 2 KO. verzichtet.

Demgegenüber halten Jaeger [4]) und Seuffert [5]) daran fest, daß öffentliche Abgaben — nach dem Finanzrechte — die zur Bestreitung des öffentlichen Aufwandes vom Staate oder anderen öffentlichrechtlichen Verbänden kraft der Finanzhoheit erhobene Geldbeiträge sind. Ausdrücklich für die Heranziehung der örtlichen Abgaben nach Art. 40 GemO. und über deren Umfang hat sich weder Jaeger noch Seuffert ausgesprochen. Jaeger hat überzeugend ausgeführt, daß der auf die Motive gestützte Beweis „auf recht schwachen Füßen steht". Es herrschte vor Erlassung des Gesetzes starke Unklarheit über den Umfang der zuzulassenden Abgaben auch im Reichstag. Im übrigen glaube ich auf die Ausführungen bei Jaeger l. c. verweisen zu können. Meine Ansicht ist kurz folgende: Da aus dem Gesetze als der einzig authentischen Quelle über den Umfang dieser öffentlichen Abgaben nichts entnommen werden kann, sind das nächste Hilfsmittel die Materialien. Die Motive I — das Werk der mit dem Entwurfe des Gesetzes befaßten Faktoren, — die die völlige Abschaffung des Vorrechtes dieser Kategorie befürworteten, wurden durch die Motive II abgelöst, die schon einen weiteren Umfang zugestanden. Gesetzt wirklich, die Majorität des Reichstages habe sich auf die Auffassung, die jetzt in der Praxis vertreten wird, gestellt, so lehnte doch, wie erwiesen ist, der Bundesrat die Vertretung der Motive ausdrücklich ab. So kann von einem Auslegungsbehelf, zu dessen Anerkennung doch die Uebereinstimmung der Majorität der beiden gesetzgebenden Körperschaften gehörte, nicht mehr gesprochen werden. Mehr als der deutliche Protest durch den Bundesrat war bei der nicht integrierenden Bedeutung der Motive nicht notwendig, um sie juristisch zu vernichten. Daß die Motive trotzdem dem Reichstage zur Information empfohlen wurden, hebt die auf einem ganz anderen Gebiete liegende Erklärung des Bundesrates nicht auf.

Offenbar hatte damals schon der Bundesrat die auch im Reichstage z. B. vom Abg. Hellmann [6]) vertretene, wenn auch vielleicht nicht herrschende Ansicht, daß das Landesrecht aufrecht erhalten werden solle. Dies ist denn auch nach Ablehnung der Motive mangels eines erkennbaren gesetzgeberischen Willens der nächste und einzig gangbare Weg;

[1]) l. c. 21, 46; 28, 86.
[2]) l. c. ZS. IV, 301.
[3]) BayZfR. 1905 S. 132 ff.
[4]) Komm. z. KO. 1904 S. 490/1.
[5]) Lehrbuch, Deutsches Konkursprozeßrecht 1899 zu § 61, 2.
[6]) Hahn-Mugdan, Materialien zur Konkursordnung IV. Bd. S. 556.

weder der „gewöhnliche" Sprachgebrauch (OLG. Zweibrücken in dem mehrfach erwähnten Urteile), noch ein abstrahierter Begriff aus dem Finanzrecht, dessen Definitionen selbst nur Niederschläge aus den Gesetzen sind, sondern allein dasjenige Gesetz ist auf das Rechtsverhältnis anzuwenden, das auch die materiellrechtliche Grundlage zum prozessualen Gesetze liefert, und das ist die landesrechtliche Gemeindeordnung.

Diese Ansicht hat die bayerische Regierung auch in der Praxis befolgt und auf Grund ihres Vorbehaltes mit Recht, als es sich um die Schaffung des Gebührengesetzes handelte, das mit der herrschenden Theorie nicht in Einklang zu bringen ist.

Dieselbe Ansicht, daß das Landesrecht für das prozessuale Reichsgesetz maßgebend sein solle, wurde ja auch bei Schaffung des ZwVG. zum Prinzip erhoben, — ohne deshalb einen weitergehenden Analogieschluß ziehen zu wollen, der schon als Schluß a maiori ad minus unzulässig wäre.

Die vom Reichsgerichte erstrebte Gleichheit in sämtlichen Bundesstaaten ist auch bei seiner Auffassung nicht erreicht, da die Steuern und steuerähnlichen Gebühren sich eben doch wieder nach Landesrecht beurteilen.

Die Konsequenz allerdings, die sich aus dieser Anschauung ergibt, geht in der Praxis, die auch für rein privatwirtschaftliche Unternehmungen das Abgabenerhebungsrecht einräumt, sehr weit; das mag auch die Gerichte bewogen haben, bei Auslegung des § 61, 2 KO. etwas von der Rolle des Gesetzgebers sich anzueignen.

3. Zwangsbenützungsfrage.

Bei der Beantwortung der Frage, ob die Benützung einer gemeindlichen Wasserleitung den Einwohnern zur Pflicht gemacht werden kann, ist zunächst auf die allgemeinen Voraussetzungen einer solchen Vorschrift einzugehen.

Nach der konstanten neueren Praxis des VGH., mit der auch Seydel und Kratzer[1]) übereinstimmen, „setzt die Statuierung der Zwangspflicht zur Benützung einer gemeindlichen Anstalt oder Unternehmung außer dem Nichtvorhandensein einer entgegenstehenden gesetzlichen Bestimmung eine besondere Rechtsnorm als gesetzliche Grundlage voraus".[2]) In der ersteren Entscheidung des VGH. wird ferner hervorgehoben, daß die Schaffung örtlicher Rechtsnormen und Auferlegung örtlicher Abgaben wesentlich verschieden ist von dem Rechte, die Benützung gemeindlichen Eigentums, gemeindlicher Anstalten und Unternehmungen den Beteiligten zur Zwangspflicht zu machen. Denn das müsse anerkannt werden, daß in dieser letzteren Beziehung das Recht der Gemeinde zur Selbstverwaltung und Selbstbesteuerung kein unbeschränktes sei und als solches weder aus Art. 40, 31 GemO. noch aus Art. 159, 6 und 91, 6 l. c. abgeleitet werden könne, da vielmehr hierfür die gesetzlichen Grundlagen in einer besonderen Rechtsnorm gegeben sein müssen.[3])

[1]) BlAdmPr. 49, 190 ff.
[2]) VGH. XX, 21; XXI, 5.
[3]) So auch VGH. XXVII, 58.

Gegen Müller[1]) und Bayerische Gemeindezeitung[2]), in welch letzterer es heißt: „Die Entnahme des Wassers aus der öffentlichen Wasserleitung, d. h. die Versorgung der Grundstücke aus derselben kann erzwungen werden, wenn ein Bedürfnis zur Ausübung solchen Zwanges im öffentlichen Interesse nachweisbar ist," muß die oben vertretene Ansicht aufrecht erhalten werden.

Zur Widerlegung der Behauptung, es fände sich in den Gemeindeordnungen keine Bestimmung, die das gemeindliche Abgabenerhebungsrecht einschränke, ist zu bemerken, daß ein so weitgehendes Recht wie dieses, das dem Gemeindeedikt von 1834 gegenüber völlig neu ist, bei der sonstigen Ausführlichkeit des Gesetzes von 1869 schlechterdings unmöglich bloß gelegentlich geregelt worden sein könne, oder implicite habe Eingang finden können. Die auf rein finanzrechtlichem Gebiete liegende verschiedene Beurteilung der Gemeinden gegenüber dem Staate darf aber nicht auch auf das polizeiliche Gebiet übertragen werden; denn hier liegt kein Grund vor, der Gemeinde eine größere Macht einzuräumen, als der Staat sich selbst beimißt. Es muß also, wie beim Staate, jeweils eine gesetzliche Norm als innerer Grund des Zwanges angeführt werden. Selbstverständlich darf der polizeilichen Regelung kein Gesetz entgegenstehen. Ausgeschlossen ist die Statuierung einer Zwangspflicht aus dem Gesichtspunkt einer notwendigen Finanzierung einer gemeindlichen Anstalt.

Als drittes Moment kommt zu den bisherigen hinzu, daß die Errichtung der Anstalt einem gewissen Bedürfnisse entspricht, daß es dem Einzelnen ohne Hilfe der Anstalt so ziemlich unmöglich sein dürfte, den Zweck der Vorschrift völlig zu erreichen, und der ihm gesetzlich obliegenden Aufgabe gerecht zu werden. Denn es obliegt dem Betreffenden nicht bloß eine primäre gesetzliche Pflicht zur Vornahme gewisser Handlungen, sondern er hat auch ein Recht darauf, diejenige Art der Erfüllung zu wählen, die ihm am vorteilhaftesten erscheint, wenn anders sie gesetzmäßig ist und den vorgeschriebenen Zweck erreicht.[3]) Zwingt man also den Pflichtigen zu der mit Kosten verbundenen Benützung einer gemeindlichen Anstalt, so muß dem rechtfertigend die Notwendigkeit einer solchen gemeindlichen Institution zur Seite treten. Mit dem Bedürfnisse entfällt die Berechtigung zum Zwange, zum bestimmenden Eingreifen in den Rechtskreis des Betreffenden. Eine gemeindliche Anstalt ohne dieses eben aufgeführte wesentliche Moment kann nur eine Wohlfahrtsanstalt sein.

Nach v. Seydel[4]) ist „Polizei diejenige Zwangsgewalt, durch welche der Staat sich, seine Verwaltung und seine Angehörigen vor Gefährdungen durch Menschen schützt" und zwar schützt durch ein Gebot oder Verbot, das sich auf einen Rechtstitel, eine bestimmte Rechtsvorschrift stützt. Polizeianstalt ist also eine Anstalt, welche dem zwangsweisen

[1]) l. c. Inwieweit unterliegen die Staats- und Gemeindebetriebe den Vorschriften der Gewerbeordnung? 1907, pag. 43.
[2]) l. c. 1893 S. 631 ff.
[3]) VGH. XXI, 5.
[4]) Bayer. Staatsrecht, III, S. 3.

Schutze des Staates, seiner Verwaltung und seiner Angehörigen gegen Gefährdungen durch Menschen dient. So oft also eine Gemeindeanstalt zwangsweise benutzt wird, wird damit der Charakter einer polizeilichen Anstalt dokumentiert. Es ist aber ebenso sicher, daß sich damit der Kreis der polizeilichen Anstalten nicht erschöpft; so gehören darunter entschieden auch die Feuerlöschanstalten. Hier steht aber eine Vorschrift der Zwangsbenutzung, da sie nach Lage der Sache untunlich wäre; es ist deshalb eine gemeindliche Pflicht festgesetzt. Ob hierin ein unterscheidendes Merkmal zu suchen ist, mag dahingestellt bleiben; ebenso unsicher erscheint mir eine Abscheidung in natürliche Gefahren und Gefährdungen durch Menschen.

Nach diesen allgemeinen Erörterungen ist im Speziellen zu prüfen, aus welchen Gesichtspunkten die Zwangsbenützung einer Wasserleitung geboten sein könnte.

Der Wasserbezug zu Trink- und Gebrauchszwecken könnte mangels einer gesetzlichen Verpflichtung nicht Inhalt einer polizeilichen Anordnung werden. Es fragt sich nun, ob der Wasserbezug vielleicht aus anderen Gründen die Voraussetzung für eine Zwangsbenützung abgeben könnte. Hierzu ist nötig, zu untersuchen, zu welchen Zwecken die Wasserversorgung in der Gemeinde dient und inwieweit Gemeinden zur Verwendung von Wasser gezwungen werden können.

Ein solcher Zwang bedarf angesichts des freien Selbstverwaltungsrechtes der Gemeinden einer ausdrücklichen Festlegung.

Nach Art. 38, 29 GemO. gehört zu den Gemeindebedürfnissen die Herstellung und Unterhaltung der erforderlichen Feuerlöschanstalten und Löschgeräte. Der VGH.[1]) betont, „daß unter den Begriff der Feuerlöschanstalten nicht nur die Gebäulichkeiten zur Aufbewahrung der Feuerlöschgeräte, sondern sämtliche Einrichtungen und Bedürfnisse für Feuerlöschzwecke fallen und insbesondere auch die Wasserleitungen und Wasserbehälter hierher gehören.[2]) Zeigt sich also ein Mangel an Wasser zu benannten Zwecken, so kann aus eben genanntem Grunde die Einrichtung einer Wasserleitung der Gemeinde von Aufsichts wegen zur Pflicht gemacht werden. Voraussetzung ist aber hierbei, daß auch nicht genügende, durch ortspolizeiliche Vorschrift bei Brandfällen zur Verfügung zu stellende Privatbrunnen in der Gemeinde vorhanden sind.

Schon in der GemO. Art. 138, V; 171, V, ist der Ortspolizei die Verpflichtung auferlegt, augenblickliche Vorkehrungen gegen Gefahren für das Leben der Einwohner zu treffen, die Anstalten für Beförderung der allgemeinen Wohlfahrt in der Gemeinde zu beaufsichtigen und namentlich das Augenmerk auf die öffentliche Reinlichkeit, die Einrichtungen für die Gesundheit, die Feuerbeschau und die Feuerlöschanstalten, die öffentlichen Brunnen und Wasserleitungen zu richten, die entsprechenden Verfügungen und Maßregeln zu treffen oder zu veranlassen, sowie für die erforderlichen Kosten aufzukommen: Art. 140/76 GemO. Diese polizeiliche Macht wurde nach einer Richtung präzisiert

[1]) l. c. XXV S. 77 ff.
[2]) Ebenso VGH. XIX, 319.

durch das Reichsgesetz betr. die Bekämpfung gemeingefährlicher Krankheiten vom 30. Juni 1900, das die gemeindliche Verpflichtung sogar noch erweiterte. Nach § 35 dieses Gesetzes „können die Gemeinden zur Herstellung von Einrichtungen für Versorgung mit Trink- und Wirtschaftswasser und für Fortführung der Abfallstoffe jederzeit nach Maßgabe der geltenden Gesetze, d. h. von Staatsaufsichts wegen angehalten werden. Diese Einrichtungen müssen dem allgemeinen Gebrauche zur Verfügung gestellt werden und müssen zugleich zum Schutze gegen übertragbare, nicht bloß gemeingefährliche Krankheiten erforderlich sein; eine unmittelbar drohende Seuchengefahr ist hierbei nicht erforderlich. Abgesehen davon, daß das vorliegende Gesetz ein Reichsgesetz ist, haben die Gemeindeordnungen Art. 38/29 die Möglichkeit der Schaffung weiterer Verpflichtungen ausdrücklich aufrecht erhalten. Zu diesen Verpflichtungen kann die Gemeinde nach Art. 156, IV; 88, IV und Art. 157, V—VII; 89, V—VII von Staatsaufsichts wegen angehalten werden.

Das pfälzische Gesetz vom 11. Frimaire VII, das in § II Ziff. 3 den Unterhalt der Brunnen und in § II Ziff. 4 den Unterhalt der Gruben, Wasserleitungen und Brücken zum gemeindlichen Gebrauch zu den Gemeindeausgaben rechnet, sowie das Gesetz vom 16. Sept. 1807 über die Austrocknung der Sümpfe, welches den Gemeinden besondere Verpflichtungen zur Vornahme von Arbeiten, welche die öffentliche Reinlichkeit und Gesundheit betreffen (travaux de salubrité), auferlegte, sind durch Art. 29 pfälz. GemO. als ersetzt und aufgehoben anzusehen, da die GemO. die früheren Bestimmungen „neu und in selbständiger Weise festgestellt hat," auch ihr Umfang sich deckt.[1]) Im übrigen ist durch das Reichsgesetz, betr. die Bekämpfung gemeingefährlicher Krankheiten, diese gemeindliche Verpflichtung sogar erweitert worden.

Schließlich ist noch zu erwägen, ob nicht aus dem Gesichtspunkte der Unterhaltung der öffentlichen Abzugskanäle und der Sorge der Reinlichkeit der Ortsstraßen eine gemeindliche Verpflichtung zur Einrichtung oder Vergrößerung einer bestehenden Wasserleitung von Aufsichts wegen angeordnet werden könnte.

„Die Sorge für Beseitigung und Fernhaltung schädlicher Einflüsse ist bei Grundstücken Sache der Grundbesitzer;[2]) diese Verpflichtung obliegt dem einzelnen Anwesensbesitzer; die Gemeinde kann deshalb zur Herstellung von Kanälen nicht gezwungen werden.[3]) Doch sind in fast allen größeren Gemeinden Kanalisationsanlagen eingerichtet zur Erleichterung der Pflicht der Einwohner. Da sie ausschließlich polizeilichen Zwecken, d. h. der gesetzlich normierten Pflicht der Einwohner dienen, sind sie Polizeianstalten; daß sie freiwillig von der Gemeinde eingerichtet sind, steht diesem Charakter nicht entgegen. Somit kann auch die Erlassung ortspolizeilicher Vorschriften, soweit

---

[1]) VGH. XIX, 177; XXVIII, 61.
[2]) VGH. XX, 21.
[3]) VGH. I. 158.

nicht eigens im Gesetze zugelassen, von der Aufsichtsbehörde nicht geübt werden.

Bei der Sorge für die Reinhaltung der Straßen kann die Frage einstweilen nicht praktisch werden, da sämtliche Gerichte entgegen der wohl richtigen v. Seydelschen Auffassung auf dem Standpunkte stehen, daß die Reinhaltungspflicht nicht der Gemeinde, sondern den angrenzenden Anwesensbesitzern obliege.

Natürlich könnte die Auflage nur im Rahmen der für eben genannte Zwecke in Art. 38/29 GemO. festgesetzten gemeindlichen Verpflichtung angeordnet werden.

Bei sämtlichen genannten gemeindlichen Verpflichtungen muß jedoch der Vorbehalt gemacht werden, daß nicht Dritte zur Herstellung und Unterhaltung solcher Einrichtungen oder zur Bestreitung des erforderlichen Kostenaufwandes verpflichtet sind: Art. 38/29, II GemO.

Es fragt sich nun, ob und wenn, inwieweit gelegentlich der zulässigen Zwangsbenützung auch die Inanspruchnahme der gemeindlichen Wasserleitung von den Einwohnern gefordert werden kann.

Zur Erhaltung der Reinlichkeit auf den öffentlichen Wegen, Straßen und Plätzen, in Städten, Märkten, Dörfern und sonstigen Ortschaften, sowie zur Entleerung von Abtritten, Dung- und Versitzgruben in Wohngebäuden und in unmittelbarer Nähe von Wohnungen, Brunnen oder Brunnenquellen können nach Art. 2 Ziff. 6 PStGB. in Verbindung mit § 366 Nr. 10 RStGB., nach Art. 94 und Art. 73 PStGB. ortspolizeiliche Vorschriften erlassen werden, durch welche die Benützung des gemeindlichen Kanalnetzes angeordnet werden kann, wenn die Notwendigkeit der Benützung feststeht. Es kann in diesen Vorschriften der Anschluß von Ausguß- und Ableitungswasser an das Fallrohr mittels besonderer Wasserverschlüsse angeordnet werden. Diese Siphons sind aus Gründen der Gesundheitspflege dringend nötig; sie fördern auch in manchen Fällen die Abschwemmung von Abfallstoffen. Eine Benützung gerade der gemeindlichen Wasserleitung kann mangels polizeilicher Vorschriften jedoch nicht verlangt werden; auch technisch wäre eine solche Forderung unbegründet. Voraussetzung ist aber, daß der zur Reinigung Verpflichtete seiner Pflicht mit anderem Wasser in einwandsfreier Weise nachkommt.

Bei Reinigung der Straßen steht die Verwaltungsrechtspflege auf der Auffassung, daß nicht eine gemeindliche, sondern eine Pflicht der Angrenzer gegeben ist. Aber selbst von dem Boden dieser Ansicht aus kann der Anschluß an eine bestimmte Leitung nicht befohlen werden, solange nur der Verpflichtete die ihm zugewiesene Last ordnungsgemäß erfüllen kann.

Im Gebiete der Medizinalpolizei hat die Gemeinde gemäß § 17 des oben zitierten Reichsgesetzes zwar das Recht, die Brunnen, Wasserläufe und Wasserleitungen, welche eine Seuchengefahr in sich schließen, zu sperren. Dieses Recht steht unter polizeilichem Schutze: § 46 l. c., Art. 2, Ziff. 1 PStrGB. mit § 327 RStrGB., Art. 67 PStrGB.

Doch muß die Gemeinde jedem Einwohner gestatten, sich nach seinem Belieben mit einwandfreiem Wasser zu versorgen; es könnte also nur bei berechtigter Sperrung sämtlicher Brunnen und Leitungen tatsächlich, nicht rechtlich, aus diesem Gesichtspunkte der Medizinalpolizei, der Anschluß an eine bestimmte gemeindliche Leitung erzwungen werden.

Im Gebiete der Feuerpolizei ist zu prüfen, ob nicht auf Grund des Anordnungsrechtes nach Art. 2, Ziff. 14 PStrGB. mit § 368, Nr. 8 RStrGB. der Anschluß eines Einwohners an die Wasserleitung erzwungen werden könnte. Dieses Anordnungsrecht muß sich naturgemäß in engen Grenzen halten, darf die gemeindlichen Pflichten nicht berühren, also nicht der Abwälzung dieser Lasten dienen, vor allem keine übermäßigen Auslagen festsetzen; es soll sich im Rahmen einer Ergänzung im Kleinen halten. Der Anschluß an eine Wasserleitung usw. wird deshalb regelmäßig von diesem Anordnungsrechte nicht befohlen werden können. Hervorzuheben ist lediglich die aus den besonderen Umständen gerechtfertigte Vorschrift in Ziff. 14 der ME. vom 7. Oktober 1903, die Feuersicherheit und Betriebssicherheit in Geschäftshäusern betr.: „Bei größeren Anlagen sind auf Verlangen geeignete Alarm-, Regen- und Brausevorrichtungen herzustellen." Diese Vorschrift rechtfertigt sich aus der besonderen Feuergefährlichkeit größerer Betriebe. Die Möglichkeit eines Zwanges zur Benützung bestimmter Leitungen ergibt sich jedoch auch aus dieser Vorschrift nicht.

Aus dieser Erörterung folgt, daß ein Zwang zur Benützung einer gemeindlichen Wasserleitung nicht möglich ist, da selbst im Bedarfsfalle nicht eine bestimmte Leitung als zur Erfüllung notwendig vorgeschrieben werden darf. Es bleibt somit nur die freiwillige Benützung einer gemeindlichen Wasserleitung, welche erfreulicherweise zur allgemeinen Uebung geworden ist.

www.ingramcontent.com/pod-product-compliance
Lightning Source LLC
LaVergne TN
LVHW042247300926
849161LV00003B/499